FORSCHUNGSBI

DES WIRTSCHAFTS- UND VERKEHRSMINISTERIUMS

NORDRHEIN-WESTFALEN

Herausgegeben von Staatssekretär Prof. Dr. h. c. Leo Brandt

Nr. 429

Prof. Dr. Otto Kuhn

Zoologisches Institut der Universität Köln

Selektive Wirkung verschiedener Stoffgruppen auf tierische Gewebe

Als Manuskript gedruckt

WESTDEUTSCHER VERLAG · KÖLN UND OPLADEN

1957

ISBN 978-3-663-04126-9 ISBN 978-3-663-05572-3 (eBook)
DOI 10.1007/978-3-663-05572-3

Gliederung

A. Einleitung und Fragestellung

Alle Lebensprozesse sind mit chemischen und physikalischen Veränderungen im Organismus verbunden, wie sie vor allem im allgemeinen Stoff- und Energiewechsel ihren Ausdruck finden; die Natur der beteiligten Stoffe, ihre Wirkungsweise und die an dem stofflichen Gefüge der Gewebe, Organe und Zellen auftretenden physikalischen Kräfte sind bestimmend für die Erhaltung des Lebens oder dessen Untergang. Innerhalb gewisser Grenzen kann trotz des Auftretens von Störungen in Bau und Funktion die Harmonie des Ganzen, gegebenenfalls durch Auftreten kompensatorischer Regulationen, noch erhalten bleiben (z.B. bei der Atmungs- und Wärmeregulation). Wird jedoch die physiologische Modifikationsbreite überschritten, so treten pathologische Zustände zunächst im Bereich eines Teiles, schließlich aber der Tod des Individuums ein.

Die Organismen befinden sich in einem ständigen Stoffaustausch mit ihrer Umgebung. Stoffliche Veränderungen im Milieu werden vielfach eine qualitative bzw. quantitative Verschiebung von Aufnahme und Abgabe nach den Extremen zu auslösen, wie etwa bei zu niedrigem O_2-Angebot in der Atemluft. Die Bedeutung solcher aus der Umwelt aufgenommenen Stoffe für den Organismus ist sehr verschieden, ihr Wirkungsmechanismus auf die lebende Zelle vielfach noch wenig oder gar nicht bekannt. Wenn man die für eine Erhaltung des Lebens notwendigen Stoffe als adäquate (Nährstoffe als Baumaterial für körpereigene Stoffe, Vorstufen für Vitamine) bezeichnet, so kann diesen eine Gruppe von inadäquaten (etwa "Gifte" mit verschiedenem Angriffspunkt und Wirkungsweise) gegenübergestellt werden, die entweder für den Organismus bedeutungslos oder aber schädigend, giftig sind. Reaktionen auf äußere Reize und die Fähigkeit zur Lokomotion ermöglichen es den meisten tierischen Organismen, dem Einfluß inadäquater bzw. schädigender Faktoren des Milieus sich zu entziehen und ihrer Art entsprechende optimale Bedingungen aufzusuchen. Ein gewisses Wahlvermögen gewährleistet die Aufnahme adäquater Substanzen.

Naturgemäß sind alle Berührungsflächen des Körpers mit seiner Umgebung für den stofflichen Austausch praedestiniert und damit auch primär einer Einwirkung der von außen eintretenden Stoffe ausgesetzt. Integument, Atmungs- und Ernährungsorgane stellen jene Orte des unmittelbaren Kontakts zwischen Organismus und Umwelt dar. Sie verfügen dementsprechend auch über artgemäß, individuell und lokal begrenzte Fähigkeiten zur Aufnahme und Bindung adäquater Stoffe (z.B. besondere Permeabilität der Alveolarzellen in der Lunge), aber auch über besondere Möglichkeiten zur Differenzierung von schützenden Einrichtungen bzw. zur Entwicklung geeigneter Abwehrreaktionen (Ausbildung des Stratum corneum der Epidermis). Vielfach aber werden solche Substanzen die hier bestehende oder errichtete Schranke durchbrechen und auch in die inneren Organe gelangen. D.h. also: Die Stelle, an der stoffliche Veränderungen eintreten, kann primär in den aufnehmenden Geweben (etwa bei der Silikose), sekundär aber überall da liegen, wohin eine Weitergabe von Zelle zu Zelle, Diffusion in Interzellularen, eine Wanderzelle oder schließlich der Blutstrom das Agens trägt, wie wir dies etwa bei gewissen Nervengiften oder bei der Wirkung des Curare auf die motorischen Endplatten beobachten. Damit sind aber auch die Voraussetzungen für eine Entstehung von Kettenreaktionen gegeben, die unmittelbar mit der aufgenommenen Substanz nichts mehr zu tun haben. Auch die Aufnahmeorgane können gegebenenfalls, ohne daß in ihnen eine primäre Zustandsänderung ausgelöst wird, passiert bzw. erst als nachgeordnete Erfolgsstelle erfaßt werden. Es ist somit zwar grundsätzlich zwischen exogenen und endogenen Einwirkungen auf ein Organ zu unterscheiden, man muß sich jedoch darüber klar sein, daß auch endogen herbeigeführte Änderungen im Stoffgefüge letzten Endes auf außerhalb des Organismus liegende Ursachen zurückgehen, und daß dann der gesamte Ablauf des Geschehens verfolgt werden muß, um die wahren Zusammenhänge zu erkennen. Von entscheidender Bedeutung bei einer solchen Analyse ist das Erkennen selektiver Angriffsorte der einzelnen Stoffe, ob sie von außen an den Körper herantreten oder in den Geweben selbst gebildet werden.

Betrachtet man nun die stofflichen Zusammenhänge im Bereich der verschiedensten Lebensvorgänge unter einheitlichen Gesichtspunkten, so stellt man fest, daß jene sich aus einer Summe von Zustandsänderungen unterschiedlichen Charakters zusammensetzen. Diese können sich als solche physikalischer Natur oder als "chemische" Reaktionen erweisen, indem ihr Ablauf nicht an eine "lebende" Substanz geknüpft ist; sie können aber auch im Sinn von "biologischen" Reaktionen zu verstehen sein, bei denen das "Leben" einen integrierenden Bestandteil bildet. Ob und wieweit es sich hierbei um Gegensätze handelt bzw. wo etwa die Grenzen zu ziehen sind, steht heute noch völlig offen, was zunächst in unserem Zusammenhang auch ohne Bedeutung ist.

Stets handelt es sich darum, daß ein Agens mit einem Substrat in Beziehung tritt oder nach der Terminologie der Biologie im weitesten Sinn ein Aktionssystem einem Reaktionssystem gegenüber steht. Ein solcher Vorgang spielt sich etwa bei der Realisierung eines Merkmals durch einen Genwirkstoff ab, wir finden ihn aber auch z.B. bei der Einwirkung einer jener vielen Substanzen, die offenbar imstande sind, die Atmung einer Zelle so herabzusetzen, daß eine die Atmungsenergie durch Gärungsenergie ersetzende Krebszelle entsteht.

Wenn im folgenden auf der so umrissenen Grundlage die Wirkung gewisser chemischer Substanzen auf die Gewebe der Haut untersucht werden soll, so ist zunächst zu prüfen, wie solche in den Körper einzudringen vermögen und wo sie ihre Wirkung entfalten.

Je nach dem Zustand der Haut wird ihre Oberfläche von einem mehr oder weniger starken Fettfilm überzogen. Darunter folgt eine vor allem nach der Körperregion verschieden mächtige Hornschicht, die durch zunehmende Anreicherung von Hornsubstanz in den absterbenden Zellen der Epidermis entsteht. Eine Keimschicht liefert den Ersatz für das so verbrauchte Zellmaterial. Die gesamte Epidermis wird von ihr entstammenden Haarfollikeln und Drüsen durchbrochen. Es folgt proximal ein mesenchymatisches Gewebe (Corium und Subcutis), das aus relativ wenig Zellen und einer Zwischensubstanz besteht, in die fibrilläre Strukturen, Blutgefäße, Muskeln und Nerven eingelagert sind.

Hiermit sind die Eindringmöglichkeiten für gelöste Stoffe in und durch die Haut gegeben. Fettlösende Mittel werden den Oberflächenfilm beseitigen. Es ist bekannt, daß bei einem pH-Wert von 12,6 an die Hornsubstanz aufgelöst wird. Weiterhin aber stellt die Haut als Ganzes eine semipermeable Membran dar, so daß die Dialysierfähigkeit der in Frage kommenden Lösungen von großer Bedeutung für ihr Eindringen ist. Während die Epidermis in ihren basalen Schichten verhältnismäßig einheitliche Bedingungen enthält, sind die Verhältnisse im Corium und in der Sucutis besonders unübersichtlich: hier vereinigt sich die Masse der organischen Grundsubstanz mit den zellulären Elementen und deren fermentativen Kräften zu einer funktionellen Einheit. Hat aber die eingedrungene Substanz erst die Gewebsflüssigkeit erreicht, so eröffnen die natürlichen Transportsysteme (Blut und Lymphe) auch den Zugang zu anderen Organen und Geweben. Eine besondere Rolle beim Stofftransport können die beweglichen Zellelemente des Bindegewebes und des Blutes spielen. - Es sei nur nebenbei erwähnt, daß naturgemäß Haarfollikel, Drüsen oder Verletzungen der Haut das Eindringen von aussen erleichtern.

Es wäre nun verfehlt, wenn man den Wirkungsmechanismus exogener Stoffe nur als einen auf dem Weg des Eindringens ablaufenden Vorgang verstehen wollte. In ihrer gesamten stofflichen Versorgung, der humoralen und nervösen Lenkung ihrer Lebensprozesse sowie ihrer Reaktionen auf äußere Reize ist die Haut von endogenen Faktoren abhängig. So ist es sehr wohl denkbar, und für gewisse Fälle nachweisbar, daß von außen eindringende Substanzen bei ihrer Passage durch die Haut dort keinerlei Reaktionen auslösen, wohl aber an zentraler Stelle ihre Wirkung entfalten und so indirekt in die Funktionen der Haut eingreifen.

Auf jeden Fall werden im Experiment bei der Untersuchung von Reaktionsweisen des lebenden Gewebes dann am ehesten natürliche Verhältnisse reproduziert werden, wenn die wirksame Substanz von einem im Gewebe selbst liegenden Depot aus wirken kann. Dann ist die Gewähr dafür gegeben, daß eine den natürlichen Verhältnissen entsprechende langsame Ausbreitung erfolgt, daß die einzelnen Zellelemente unmittelbar getroffen werden und nur so können exakte Aussagen über quantitative Verhältnisse gemacht werden.

Die Entwicklung von Kultur und Technik bringt es mit sich, daß der Mensch in immer mehr sich steigerndem Maße und in ganz verschiedener Hinsicht einem absolut unbiologischen Milieu gegenüber steht. Das Ergebnis sind im Extrem die Berufskrankheiten, die letzten Endes auf einer nicht ausreichenden Reaktionsfähigkeit gegenüber exogenen Faktoren beruhen. Naturgemäß sind aber diese pathologischen Zustände mit dem Bereich des Physiologischen durch mancherlei Übergänge verbunden.

Im folgenden wird die Wirkungsweise von einigen Substanzen untersucht, die gewisse Berufskrankheiten verursachen; hieraus ergeben sich Gesichtspunkte für den Umgang mit solchen Stoffen und ihre Verwendungsmöglichkeiten. Ebenso wesentlich erscheint uns jedoch die Tatsache, daß diese Untersuchungen von einer besonderen Position aus einen Einblick in das morphologische und funktionelle Gefüge des Organismus gewinnen lassen. In diesen Substanzen sind offenbar Agentien mit bestimmten Eigenschaften enthalten.

Ebenso wie das individuelle Leben je einen Abschnitt des Aufbaus und der Rückbildung umfaßt, zwischen denen ein Wendepunkt der Entwicklung liegt, so kann auch ein solches Aktionssystem eine konstruktive oder eine destruktive Tätigkeit entfalten. Im letzteren Fall wird die Plastizität des Organismus und seiner Teile über das Schicksal: Leben oder Sterben entscheiden. Wirkungen stofflicher Natur sind es, die den Organismus aufbauen und das Leben erhalten, ebensolche bewirken aber seine Vernichtung. Entscheidend ist, wo und wie diese Stoffe in das Gefüge des Organismus eingreifen. Es entsteht also ein Kampf, in dem Ausbildung von Schutzeinrichtungen und Ersatz zugrundegegangener Teile die entscheidende Rolle spielen. Es sind demnach die in dieser Richtung liegenden Potenzen des Organismus ebenfalls in die Untersuchung einzubeziehen.

B. Material und Methode

Um genetisch einheitliches Versuchstiermaterial beim Vergleich der verschiedenen Substanzen und der Kontrollen zur Verfügung zu haben, wurden nur Mäuse im Gewicht von 15 - 20 g eingesetzt, die einer seit Jahren gehaltenen Inzucht entstammen.

Aufgabe der Versuchsanordnung ist es nun, im Experiment eine Situation zu schaffen, die den natürlichen Verhältnissen bei der Entfaltung der Wirksamkeit eines Stoffes möglichst weitgehend entspricht. Methodisch stehen uns je nach der stofflichen Natur und dem Aufnahmeort verschiedene Wege zur Verfügung. Für die Untersuchung von Substanzen, die durch die äußere Körperbedeckung aufgenommen werden, hat sich das Einbringen in Träger wie z.B. Agar und die Implantation von Stückchen bestimmter Größe dieses Materials in die Haut als besonders geeignet erwiesen. Es wird hierdurch erreicht, daß genau dosierbare Mengen der Substanz in den Organismus gelangen, daß diese aus einem solchen Depot langsam, gegebenenfalls unter Mitwirkung der Zellen selbst, sich von innen her im Gewebe ausbreiten und dann Begleiterscheinungen auf Grund eines Lösungsmittels vermieden werden.

Die zu untersuchenden Stoffe wurden in verschiedenen Konzentrationen in Agar eingebracht. Aus diesem können Würfel von 1 - 2 mm Kantenlänge ausgestanzt werden, die somit eine meßbare Menge der Substanz enthalten. Die Implantation unter die Rückenhaut erfolgte nach Abscheren der Rückenhaare und Einschieben in das lockere Bindegewebe unter dem Panniculus carnosus (s.u.). Damit die Einstichstelle mit ihrem Wundreiz in möglichst großer Entfernung von dem Ort der endgültigen Lage des Implantats sich befindet, wurde jeweils oberhalb der Schwanzwurzel eingestochen. Das Agarstückchen kann von da aus leicht in dem mit einer Sonde durchgestossenen Implantationskanal bis in die Schulter-Nacken-Gegend vorgeschoben werden; hier kann keine Lageveränderung oder Ausstoßung z.B. durch Kratzen erfolgen. Die Substanz diffundiert nun langsam in das umgebende Gewebe; an diesem Vorgang sind zweifellos mindestens in gewissen Fällen die Körpersäfte aktiv beteiligt: Auch in Agar nicht oder nur schwer lösliche und demnach in kristalliner Form eingebrachte Substanzen (z.B. Thyroxin, gewisse cancerogene Stoffe) werden aus dem Agar herausgelöst.

Der histologische Bau der Mäusehaut und ihre Reaktion auf reine Agar-Implantate (Abb. 1).

Die Epidermis besteht bei der heranwachsenden und bei der adulten Maus im allgemeinen nur aus einer bis zwei Zellschichten, von denen die eine das Stratum germinativum darstellt. Die Verhornung geht offenbar sehr rasch vor sich: man findet nur wenig Zellen, die sich in den Anfangsstadien der Differenzierung befinden, das Stratum corneum liegt als eine dünne Schicht horniger Lamellen der Epidermis locker auf. Das zellarme Corium zeigt dichte Bündel kollagener Fasern, die dicht verflochten parallel der Oberfläche liegen; dünne elastische Fasern verzweigen sich häufig und umspinnen die Haarfollikel und Talgdrüsen. Die zellulären Elemente sind Fibrocyten, Histiocyten und Lymphocyten. Eine in ihrer Mächtigkeit je nach dem Ernährungszustand sehr verschiedene Subcutis ist durch blasige Fettzellen gekennzeichnet, die in einem grobmaschigen Bindegewebe liegen. Hier finden sich auch Gefäße verschiedener Dimensionen, von denen in das Corium eindringende Kapillaren ausgehen. Die Haarwurzeln der schräg in der Haut steckenden Haare befinden sich im Corium oder in der Subcutis. Proximalwärts folgt der Panniculus carnosus als flache, von einem dichten Netz elastischer Fasern unterlagerte Muskelschicht.

Beim Einbringen eines reinen Agarimplantats wird schon nach 2 Stunden die phagocytäre Reaktion sichtbar, etwa nach 24 Stunden erreicht sie meist ihr Maximum, um dann langsam wieder abzuklingen. Histiocyten und bewegliche Zellelemente haematogenen Ursprungs sammeln sich in grosser Menge um das Implantat; an der Oberfläche des Agars liegen die Zellen in kleinen Nischen, in Risse und Spalten dringen sie ein. Unabhängig von diesem Vorgang bildet sich, gegen den Phagocytenmantel meist scharf abgesetzt, ein Oedem, durch das die kollagenen Fasern des lockeren Bindegewebes ausein-

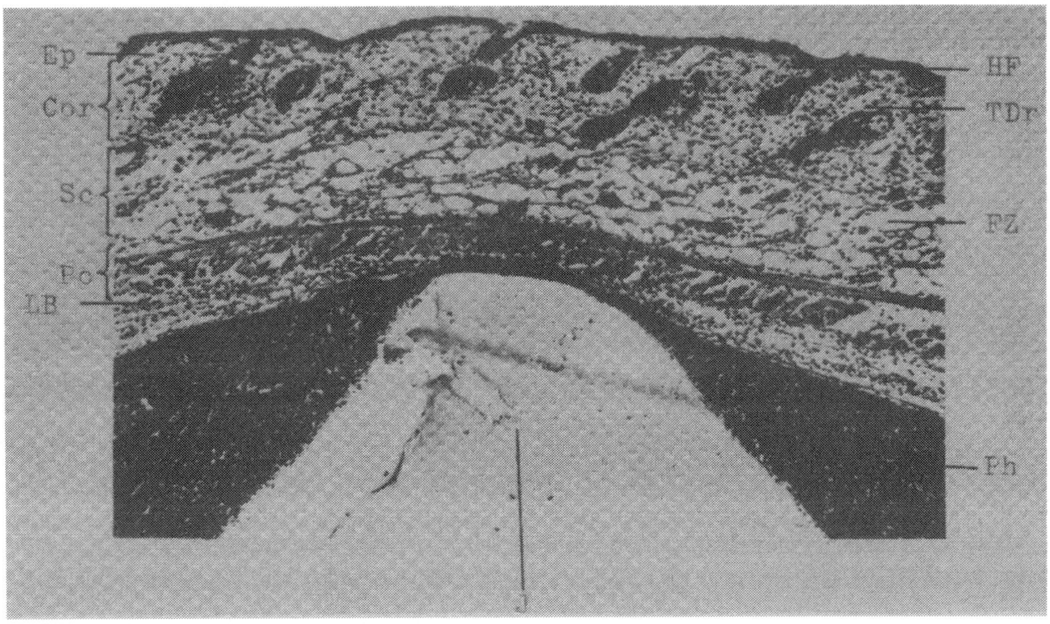

A b b i l d u n g 1

Nackenhaut der Maus. Reines Agarimplantat. 24 Std p.op. Ep = Epidermis, Cor = Corium, Sc = Subcutis, Pc = Panniculus carnosus, LB = Lockeres Bindegewebe, I = Implantat, Ph = Phagocyten, FZ = Fettzellen, TDr = Talgdrüsen, HF = Haarfollikel (Vergr. 150/1)

andergetrieben werden; die seröse Flüssigkeit dringt teilweise in das umliegende Gewebe, kleine Ergüsse bildend, vor. Nach spätestens 6 Wochen jedoch ist von den ganzen Erscheinungen nichts mehr zu sehen. Das Implantat liegt ruhig und abgekapselt im Gewebe, auch die ursprünglich eingetretene Hyperämie ist verschwunden. Vor allem sei darauf hingewiesen, daß bei Implantation reinen Agars stets nur das unmittelbar berührte Gewebe reagiert, und daß keine Ausstrahlung durch den Panniculus carnosus hindurch erfolgt.

C. Die experimentellen Ergebnisse

I. Die physiologische und die traumatische Regeneration des Integuments

1. Das den Zellersatz liefernde Blastem. Verhornung und natürlicher Verschleiß

Im Gegensatz zu manchen anderen Geweben und Organen besitzt das Integument insbesondere bei den Landwirbeltieren eine mächtige physiologische Regenerationsfähigkeit. D.h. dem natürlichen starken Verschleiß steht die Möglichkeit zu einem entsprechenden Materialnachschub gegenüber. Für die Epidermis liegt die Quelle hierfür in dem basalen, vermehrungsfähigen Zellgebiet, dem Stratum germinativum; das darunter liegende Corium bzw. die Subcutis enthalten Fibroblasten, aus denen die einzelnen Strukturelemente dieser beiden Schichten hervorgehen. Str. germinativum und Fibroblasten stellen zwar weitgehend determinierte, aber undifferenzierte Zellgruppen dar, die wir diesem Charakter entsprechend als Blastem bezeichnen.

Der Verschleiß selbst kommt vor allem durch die Verhornung und Abstoßung der allmählich von der Basis an die Oberfläche rückenden Zellen zustande. Je nach der Körperregion (Rückenhaut, Finger- und Zehenballen, Nagel u.a.) treten im Bereich der Verhornung besondere Differenzierungen auf, und dementsprechend ist auch der Verbrauch an Zellmaterial verschieden. Die Haarbildung geht von besonders definierten Bezirken des Str. germinativum aus und soll hier nur nebenbei Berücksichtigung finden. Die vorliegenden Untersuchungen beziehen sich auf die Rückenhaut der Maus.

2. Der Wundverschluß. Zellvermehrung. Wiederherstellung der natürlichen Schichtenfolge

Zwei Erscheinungsgruppen sind es, die eine traumatische Regeneration kennzeichnen: in einer ersten Phase versucht der Organismus den Defekt abzugrenzen und körperfremde Stoffe und Krankheitserreger unschädlich zu machen, sowie abgestorbene Zellelemente und geschädigte körpereigene Baustoffe zu beseitigen. Eine zweite Phase bringt dann den Ersatz der verlorenen Teile, mögen dies die lebenden Zellen selbst oder ihre Differenzierungen sein; im Verlauf dieser Vorgänge wird dann der ursprüngliche Zustand an der Wundstelle soweit wie möglich wiederhergestellt. Wie bei jeder Entwicklung im Bereich des Organischen, so greifen auch hier die Einzelabläufe meist ineinander.

Soll die Reaktion des Integuments auf äußere oder innere Einwirkungen chemischer Art analysiert werden, so kann dies nur unter der Berücksichtigung der o.a. Potenzen und Tendenzen des Organsystems geschehen. Es soll daher der Heilungsvorgang eines geschädigten Integuments untersucht werden, wobei nur die grundsätzlichen Ergebnisse ohne Berücksichtigung der Schädigungsart zusammengestellt werden.

a) Der Wundverschluß

Ist in der Haut eine offene Wunde entstanden, so erfolgt zunächst ein Abschluß nach außen durch Bildung eines Excudats, auf dem dann aber sofort die Epidermiszellen des Wundrandes sich nach der Mitte vorschieben. An diesem Prozeß beteiligen sich sämtliche Zelltypen der Epidermis, soweit diese nicht durch Verhornung abgestorben oder im Absterben begriffen sind. Wird im Verlauf einer Ulceration ein Gewebeteil ausgestoßen (Abb. 2), so dringen Epithelzungen in die Tiefe vor und vereinigen sich am Wundboden. Die Epidermis hat hier auf den Reiz zunächst mit lebhafter Vermehrung

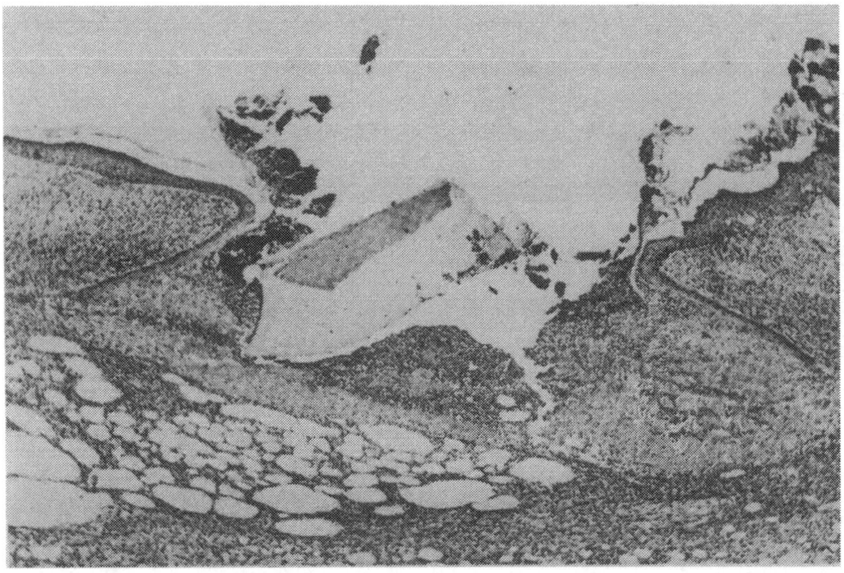

A b b i l d u n g 2

Ulceration mit Ausstossung des Implantats. Regenerationsepithel schiebt sich von dem Wundrand gegen den Ulcusboden vor (Kupferkalk 9 %. 9 Tage p.op.) 40/1

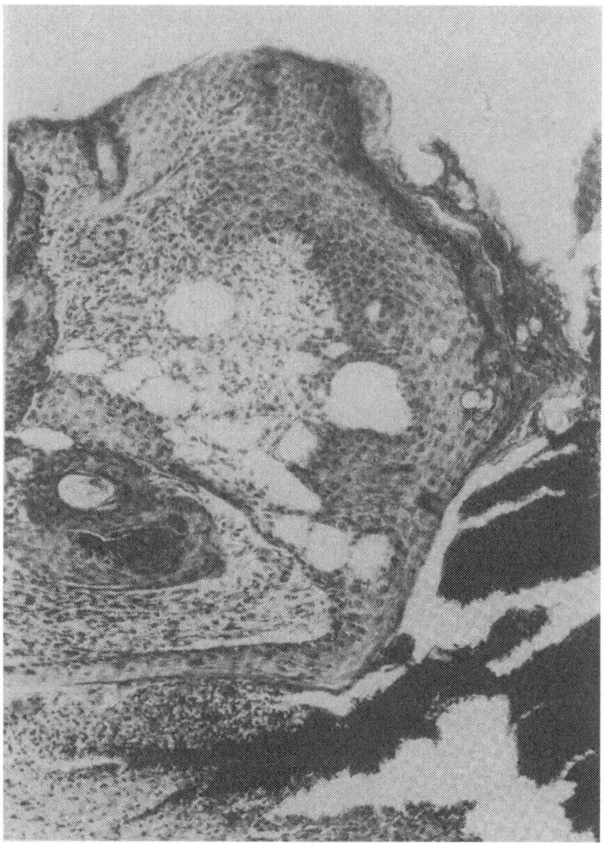

A b b i l d u n g 3

Ulcusrand. Hyperkeratosis. Regenerationsepithel dringt in breiter Front in das Corium vor (Kupferkalk 7 %. 7 Tage p.op.) 160/1

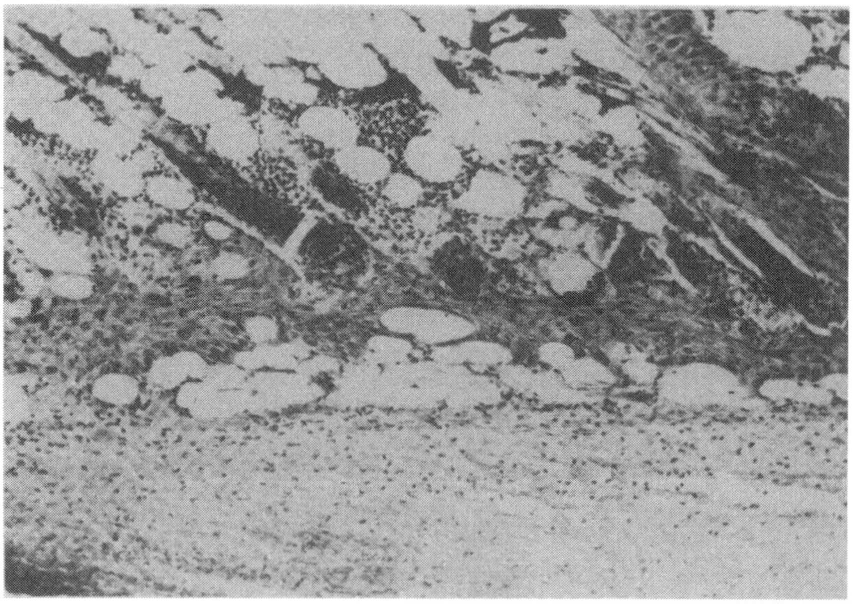

A b b i l d u n g 4

Im subkutanen Gewebe Regenerationsepithelstrang ohne polare Differenzierung (Kupferkalk 1,5%. 4 Tage p.op.)120/1 ihrer Zellschichten reagiert. An der Oberfläche tritt vermehrte Verhornung ein (Hyperkeratosis), proximal nehmen die Epithelzellen vielfach eine spindelförmige Gestalt an und dringen ohne zusammenhängende Begrenzung in das Corium und die Subcutis vor (Abb. 3). So findet man diese Zellstränge tief zwischen dem Fettgewebe vorgedrungen und vermißt hierbei jede polare Orientierung, wie sie sonst für jedes Epithel so charakteristisch ist (Abb. 4).

b) Die Regeneration

Allmählich aber setzt im Bereich der die Wunde verschließenden Epidermis eine Neuordnung der Zellen ein, indem an der Oberfläche die Verhornung immer größere Teile des dicken Epithels erfaßt, in der Tiefe an der Coriumgrenze aber unter allmählicher Bildung einer Grenzlamelle sich ein neues Str. germinativum aufbaut (Abb. 5). Diese Vorgänge sind besonders gut an Abbildung 6 zu sehen: rechts am Bildrand zeichnet sich bereits eine neue Keimschicht ab. Die Hyperkeratose ist abgeklungen und gegen die noch unter den Epidermiszellen liegenden Muskelfragmente beginnt sich die Epidermis abzugrenzen. In der Mitte des Bildes liegt nekrotisches Gewebe, links davon kleine eliminierte Transplantatstückchen mit Phagocyten. Deutlich erkennbar ist die Gruppe von Epidermiszellen mit länglichen

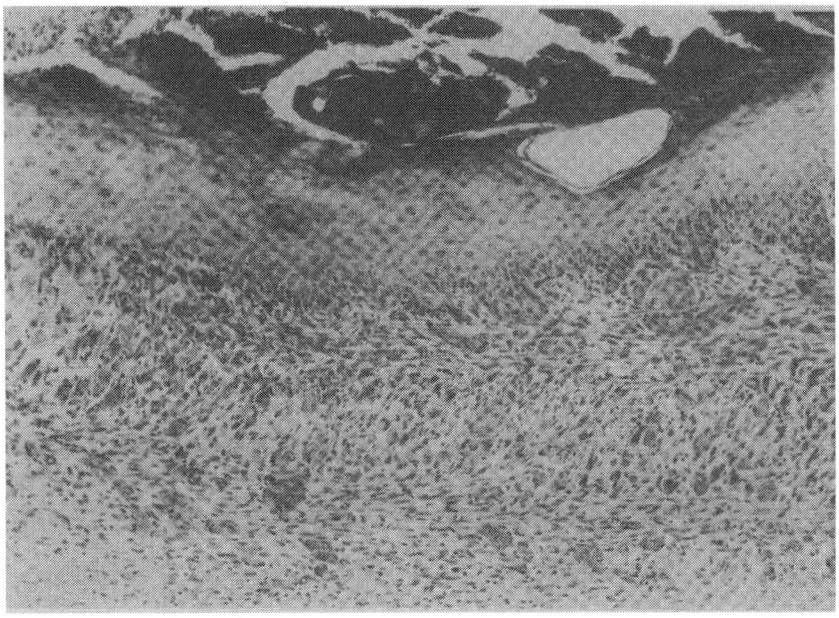

A b b i l d u n g 5

Regenerationsepithel über dem Narbengewebe in Neuordnung begriffen (Kupferkalk 5 %. 6 Tage p.op.) 160/1

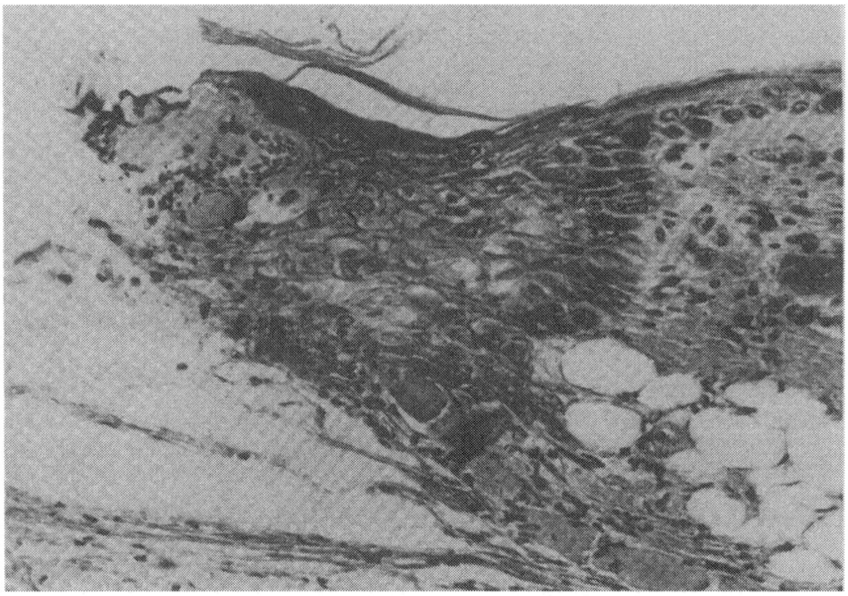

A b b i l d u n g 6

Nekrotisches Gewebe und Implantatreste links. Sich ordnendes Regenerationsepithel in der Mitte (Nirit 10 %. 6 Tage p.op.) 250/1

Zellkernen, die sich zwischen der intakten Epidermis und den großen Fettzellen zu ordnen beginnt. So entsteht allmählich auch über der Wunde eine neue, geschichtete Epidermis unter der sich dann durch entsprechende Regenerationsvorgänge Corium und Subcutis entwickeln.

c) Die phagocytäre Reaktion

Unter"Phagocyten" werden hier alle beweglichen Zellen mit der Fähigkeit zur Phagocytose verstanden ohne Berührung der Frage, ob sie histiogenen oder haematogenen Ursprungs sind. Wie oben gezeigt, klingt nach Implantation eines sterilen Agarstückchens ohne Einschluß anderer Stoffe die durch den Fremdkörperreiz ausgelöste Reaktion schon nach 24 Stunden ab. Ganz anders liegen die Verhältnisse, sobald der Agar gewisse Stoffe enthält. Dann kann es über 24 Stunden hinaus zu einer gewaltigen Ansammlung von Phagocyten um das Implantat und in dessen Umgebung kommen. In jede Spalte des Implantats dringen diese offenbar rasch beweglichen und sehr vermehrungsfähigen Zellen ein, und nach einiger Zeit haben sie sich in der ganzen Subcutis und dem Corium bis unter die Epidermis ausgebreitet (Abb. 7). Überall wohin vom Implantat aus die eingeschlossene Substanz diffundiert, folgen die Phagocyten diesem Strom, um abgrenzend gegen das

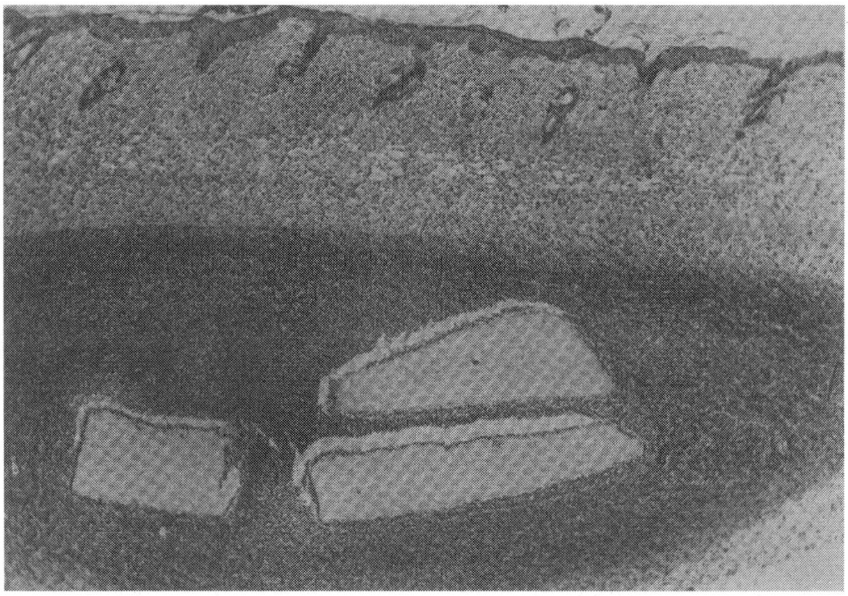

Abbildung 7
Allgemeine Infiltration der engeren und weiteren Umgebung des Implantats durch Phagocyten (Toxaphen 2 %. 1 Tag p.op.) 40/1

intakte Gewebe einen Phagocytenwall zu bilden (Abb. 8), der so dicht sein kann, daß er ein unüberwindliches Hindernis für die Ausbreitung des diffundierenden Stoffes bildet. Wir konnten beobachten, daß bei Implantation von Kupferkalk in Agar in den ersten Stunden Kupfer in die Subcutis sowie in die Gefäße gelangt und durch die Nieren ausgeschieden wird. Nach Entwicklung des Phagocytenwalls passiert diesen kein Kupfer mehr, und der Körper befreit sich schließlich durch Ulceration von dem Giftstoff. Abbildung 9 zeigt, wie die Phagocyten, die Gewebslücken reinigend, bis in die Epidermis hinein vordringen; wo die Verhältnisse normalisiert sind treten erhalten gebliebene Zellen des Str. germinativum in Teilung ein und erfüllen den Spaltraum zwischen Corium und Epidermis (Abb. 9). Aber auch in die tiefer liegenden Gewebe dringen die Phagocyten ein und sammeln sich überall da, wo eine erhöhte Infiltration vor allem der Gewebslücken durch den Fremdstoff stattgefunden hat, so z.B. in der unmittelbaren Umgebung von Blutgefäßen (Abb. 10).

Nebenbei sei bemerkt, daß bei gewissen Stoffen die Phagocyten auch gerade der Ausbreitung des Giftstoffes dienen können: bei Viktoriablau konnte KOECKE (1953) zeigen, daß die Substanz von den Phagocyten aus dem Implantat

A b b i l d u n g 8

Aufbau eines Phagocytenwalles. Verdickung und Degeneration der Epidermis. Beginnende Lysis innerhalb des Walles.(Kupferkalk 3 %. 2 Tage p.op.) 120/1

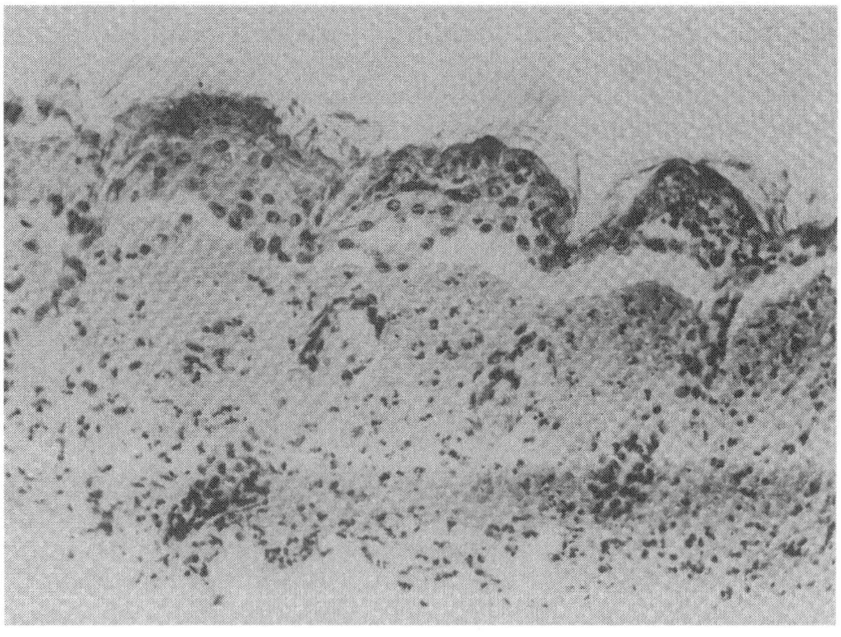

A b b i l d u n g 9

Eindringen von Phagocyten unter und in die Epidermis. In den Spalträumen teilweise Regenerationsepithel (Kupferkalk 0,7 %. 2 Tage p.op.) 250/1

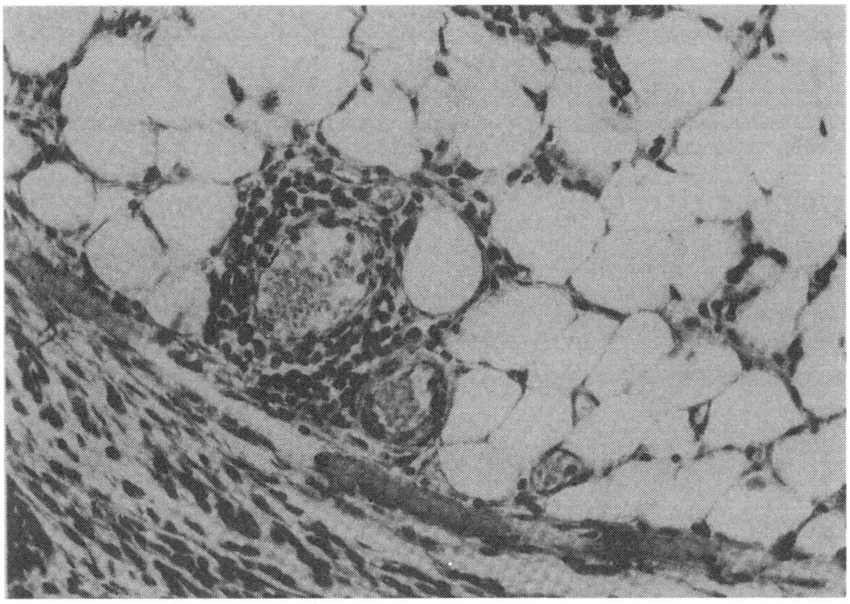

Abbildung 10
Arterie, Vene und Lymphgefäß in der Subcutis. Phagocytenansammlung in den Gewebslücken (Fuklasin 1,5 %. 4 Tage p.op.)
250/1

oder in dessen Nähe aufgenommen und nun in entfernte Regionen z.B. bis unter die Epidermis transportiert wird. Dort erst gehen die Phagocyten zugrunde, und der Giftstoff übt nun an dieser Stelle seine Wirkung auf das Gewebe aus.

II. Wirkung verschiedener Waschmittel auf die Haut

Wenn an ein wirksames Reinigungsmittel die Forderung gestellt wird, daß es seine Aktivität an Stoffen oder Haut entfaltet, ohne daß eine Reizung der Haut eintritt, so bedeutet dies, daß der Wirkungsmechanismus der verwendeten Substanzen sowie die Reaktionsweise der Haut auf diese bekannt sein muß. Es ist damit zu rechnen, daß die Erfüllung einer Forderung durch einen bestimmten Stoff die der anderen ausschließt: umso mehr muß versucht werden, die einzelnen Komponenten getrennt voneinander zu erfassen.

Es sind drei Stoffgruppen, die bei der Zusammenstellung von Waschmitteln Verwendung finden: Netzmittel, Seifen bzw. synthetische Reinigungsmittel und optische Aufheller. Da die letzteren nur in sehr geringen Mengen zugesetzt werden, bedarf ihre Untersuchung besonderer Methoden, sie sollen daher hier nicht berücksichtigt werden.

Entscheidend für das Zustandekommen einer Reizung ist die Frage des Eindringens der Fremdstoffe. Alle fettlösenden Stoffe wie gewisse Netzmittel werden nicht nur den oberflächlichen Fettfilm beseitigen, sondern auch nach Eindringen das Fettgewebe der Subcutis angreifen. Für die Erhaltung des Stratum corneum ist die Wasserstoffionenkonzentration von Bedeutung: der pH-Wert der Hautoberfläche beträgt je nach der Körperregion beim Menschen 5,4 - 6,5, bei optimalen Waschmitteln ist pH = 9,8 - 10,5, bei einem pH-Wert von 12,6 und verstärkt bei 12,8 wird die Hornschicht aufgelöst. Ferner konnte gezeigt werden, daß die Veränderung der osmotischen Verhältnisse im Gewebe zu Quellung und Ödembildung führt wie etwa beim Eindringen von alkalischen Salzen.

Die Wirkung auf die zellulären Elemente selbst kann recht verschiedener Art sein. Das Stratum germinativum wird in seiner mitotischen Aktivität stimuliert, so daß eine vielschichtige Epidermis entsteht, deren basale Schichten gegebenenfalls eine deutliche Quellung aufweisen. An der Oberfläche tritt Hyperkeratosis verschiedenen Grades auf. Bei starken Schädigungen treten regional begrenzt Nekrosen im Epithel auf, die Haarfollikel und Drüsen veröden, das Bindegewebe liegt offen. Entsprechende histolytische Prozesse treten im Corium und in der Subcutis auf. Das Bild wird jedoch vor allem beherrscht von der phagocytären Reaktion, durch die zunächst nur geschädigte Gewebselemente entfernt werden. Bei stärkeren Schädigungen werden jedoch ganze Gewebsbezirke durch einen Phagocytenwall isoliert und gegebenenfalls mit dem ganzen Implantat ausgestoßen. Die einzelnen Gewebearten selbst können in verschiedener Weise und in verschiedenen zeitlichen Intervallen auf den Reiz ansprechen. Fast stets wird Hyperaemie beobachtet, die zweifellos auch mit der Herbeiführung der haematogenen Phagocyten in Beziehung steht.

Es zeigt sich also, daß einem Komplex von in die Haut eindringenden Stoffen gegebenenfalls eine komplexe Reaktion gegenübersteht, die teilweise auf chemisch-physikalischen Vorgängen an der unbelebten Substanz, in den ernsteren Fällen aber auf einer Giftwirkung an den zellulären Elementen beruht. Ziel der weiteren Untersuchungen muß sein, einzelne Reaktionen bestimmten Stoffen oder Kräften zuzuordnen, wie dies bis jetzt erst sehr lückenweise möglich war. Daß Stoffkombinationen in Lösungen möglich sind, die gesunde Gewebe überhaupt nicht irritieren, zeigen die zuletzt vorgelegten Beispiele.

1. Alkalische Salze - Quellung von Corium und Subcutis (Abb. 11)

Schon innerhalb der ersten 24 Stunden beginnend tritt bei Einwirkung alkalischer Salze eine charakteristische Quellung insbesondere der Subcutis, später auch des Coriums ein. Distalwärts vom P. carnosus treibt die infiltrierte Zwischensubstanz Fettzellen und Bindegewebsfibrillen auseinander. Auf die Einzelheiten der kausalen Zusammenhänge, die hier zu solchen Permeabilitätsänderungen sowohl der lebenden Zellen wie der Zwischensubstanz führen, soll nicht eingegangen werden. Offenbar wird jedenfalls durch diesen Vorgang die Ausbreitung und Vermehrung der Phagocyten so gefördert, daß diese rasch bis in das Corium das ganze Gebiet erfüllen. Meist ist jedoch am 3. Tag schon die ganze Reaktion abgeklungen, indem die Haut wieder auf ihre normale Mächtigkeit zusammenschrumpft. Es ist charakteristisch, daß die Epidermis und auch die fixen Zellelemente des Bindegewebes nicht, bzw. nicht bleibend geschädigt werden.

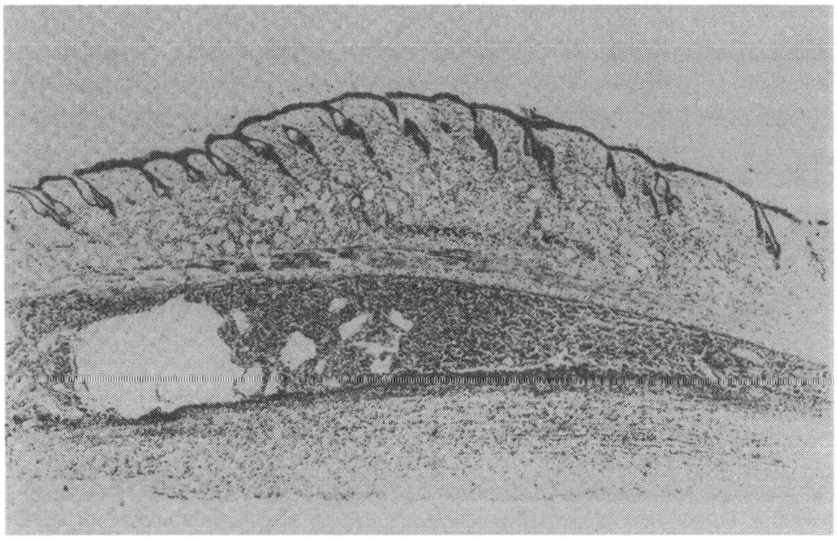

A b b i l d u n g 11
Starke Quellung insbesondere der Subcutis (Natriumkarbonat 1 Tag p.op.) 40/1

2. Netzmittel - Epidermis (Abb. 12)

In ganz anderer Weise macht sich die Ausbreitung gewisser Netzmittel vom Agarimplantat aus, in dem sie eingeschlossen sind, bemerkbar. Erst vom zweiten Tag nach der Operation an treten charakteristische Veränderungen im Bereich der ganzen Haut über dem Implantat auf. Vor allem ist die Epidermis stark verdickt, alle Stadien der zunehmenden Verhornung treten in den verschiedenen Schichten nacheinander auf, an der Oberfläche werden starke Hornlamellen abgestoßen. Auch die Haarfollikel werden von diesem Prozeß erfaßt, indem deren Lumen sich mit verhornenden Zellen füllt, ohne daß es zu einer Neubildung der abgestossenen Haare kommt. Vom Implantat ausgehend ist eine sukzessive Zerstörung des ganzen Bindegewebes zu beobachten: Muskelbündel und Fettzellen verfallen der Auflösung; Fibrocyten

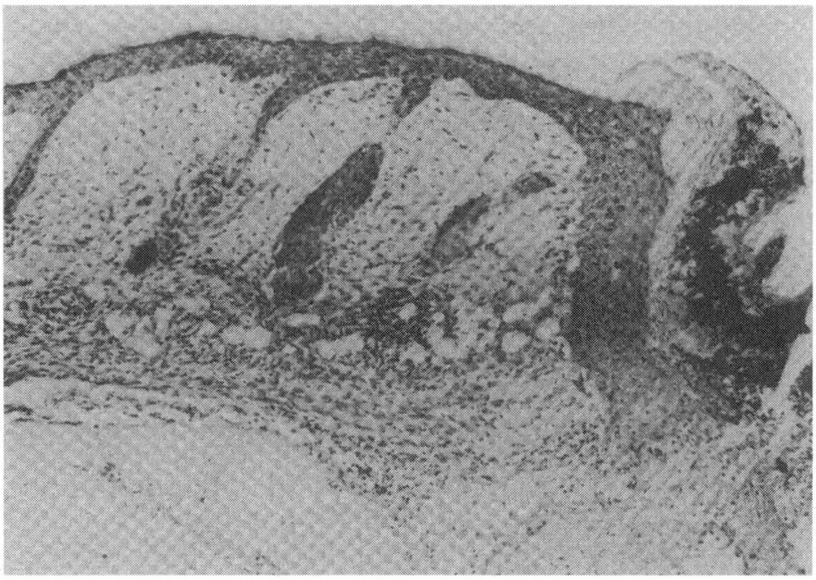

A b b i l d u n g 12

Starke Verdickung der Epidermis, Hyperkeratosis, Degeneration der Fibrillen im Corium, Phagocyteninfiltration in der Subcutis, Ulceration über dem Implantat (Diisobutylnaphtalinsulfosaures Natrium, 4 Tage p.op.) 150/1

und Fibroblasten verschwinden, an ihrer Stelle breiten sich phagocytierende Zellelemente in der strukturlosen Zwischensubstanz aus, die in dichten Haufen von der Implantatzone aus nach distalwärts vordringen. Schließlich wird im Verlauf einer Ulceration das vernichtete Gewebe einschließlich der Phagocyten ausgestoßen,und es beginnt die Neuordnung und Regeneration.

Hier handelt es sich zweifellos um eine unmittelbare Schädigung der lebenden Zellen, wobei die Phagocyten nicht eine Abschirmung des nicht unmittelbar betroffenen Gewebes durch Bildung eines Phagocytenwalles wie z.B. bei Infektionen bewirken, sondern durch ihre Beweglichkeit selbst noch zur Ausbreitung beitragen.

3. Niedermolekulare Fettsäuren (Abb. 13)

Es ist bekannt, daß die niedermolekularen Seifen eine stärkere Reizung der Haut hervorrufen als höhermolekulare Fettsäuren. Dasselbe gilt für Sulfonierungs- und Fettsäurekondensationsprodukte. Untersucht man nun die in der Haut z.B. durch eine niedermolekulare Natronseife ($C_7H_{15}COOH$) ausgelösten Veränderungen, so zeigt sich zunächst vor allem eine Quellung, wie sie oben bei der Einwirkung alkalischer Salze beschrieben wurde. Darüber hinaus treten sowohl an der Epidermis wie im Bindegewebe an den zellulären Elementen wesentliche Veränderungen auf. Die Epidermis ist

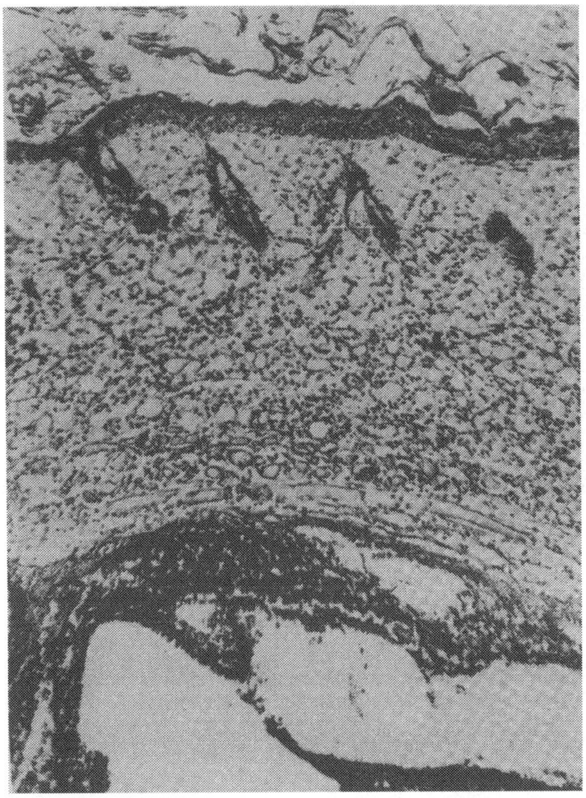

A b b i l d u n g 13

Degenerationserscheinungen in der ganzen Haut, Hyperkeratosis, Phagocyteninfiltration bis unter die Epidermis (Niedermolekulare Fettsäure, 1 Tag p.op.) 150/1 vielschichtig und zeigt eine recht erhebliche Hyperkeratosis, die sich auch auf die Haarfollikel erstreckt. Teils in kleinen Schuppen, teils in zusammenhängenden Lamellen werden die verhornten Schichten laufend abgestoßen, die Haare selbst sind ausgefallen. Weiterhin aber findet man ein zellarmes Corium mit degenerierenden Kernen der fixen Zellelemente; aus der Implantatregion dringen durch die Subcutis hindurch Phagocyten verschiedener Art ein. Die Subcutis selbst zeigt ebenfalls cytolytische Prozesse besonders im Bereich der Fettzellen, auch die Muskelfasern des P. carnosus fallen der Zerstörung anheim. Entsprechend ist das ganze Gebiet von Phagocyten erfüllt, die im lockeren Bindegewebe um das Implantat sich angesammelt haben und von hier aus distalwärts vordringen.

4. Vergleich verschiedener schädigender Waschmittel

Auf Grund der an den Rohprodukten erhobenen Befunde sollen nun einige in den Jahren 1954/55 entwickelten Waschmittel in ihrer Wirkung auf die Haut verglichen werden.

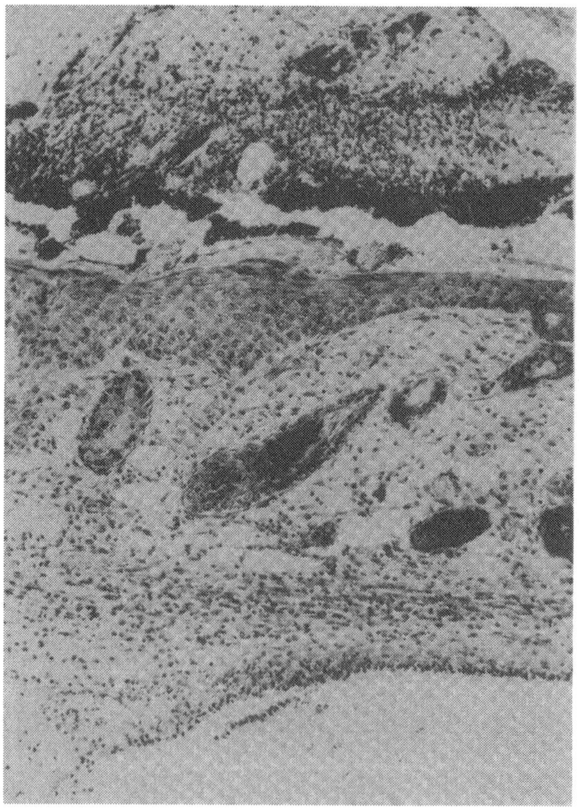

A b b i l d u n g 14

Verdickung der Epidermis, Degeneration der Haarfollikel, des Coriums und der Subcutis, Ulceration (Inländisches Waschmittel X, 2 Tage p.op.) 150/1

Ein inländisches Erzeugnis läßt alle hier beschriebenen Phasen der Hautreizung erkennen (Abb. 14). Der ganze unter dem Einfluß des Implantats stehende Hautbezirk ist gequollen. Die Epidermis erscheint verdickt, allerdings ohne daß eine sehr starke Hyperkeratose auftritt und ohne daß die Haarfollikel wesentliche Degenerationserscheinungen erkennen lassen. Die Zerstörung der Epidermis selbst geht jedoch so weit, daß an manchen Stellen selbst das Stratum germinativum zugrundegeht. Es bildet sich im Corium ein abschirmender Phagocytenwall, der mit dem eingeschlossenen Gewebeteil abgestoßen wird; vom Rand her wird die dort intakte Epidermis eine neue Oberflächenbedeckung vorschieben. Im ganzen Corium und in der Subcutis läßt schon der Phagocytenreichtum auf Veränderungen im Sinn degenerativer Vorgänge schließen. Insbesondere um das Implantat selbst sammeln sich die beweglichen Zellelemente an.

Ein etwas anderes Bild zeigt die durch ein ausländisches Waschmittel hervorgerufene Hautreizung (Abb. 15). Die Quellung ist zwar vorhanden, aber

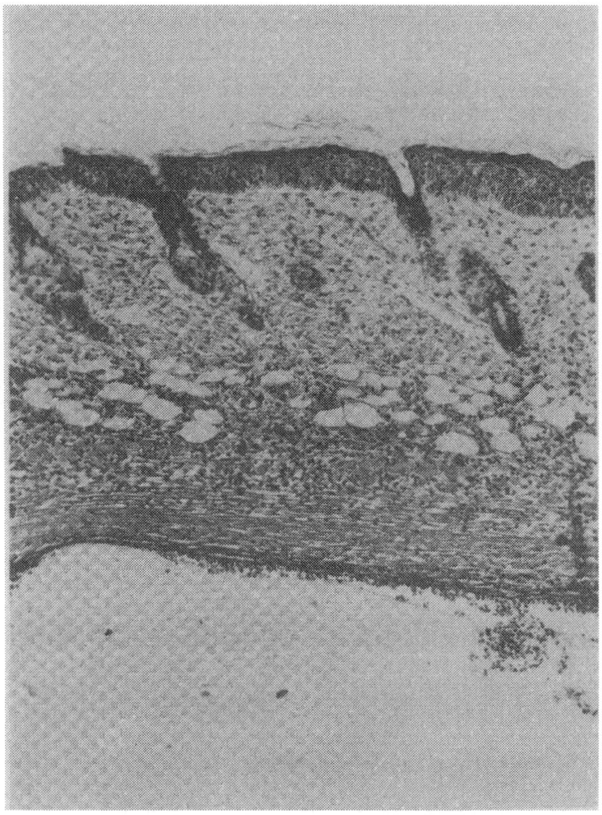

A b b i l d u n g 15
Verdickung der Epidermis, Hyperkeratosis, Horncysten in den Haarfollikeln (Ausländisches Waschmittel Y, 3 Tage p.op.) 150/1

nicht so stark wie in den bisher beschriebenen Fällen. Stark verändert ist jedoch der Zustand der Epidermis: Vielschichtigkeit und starke Hyperkeratosis, die auch die Haarfollikel erfaßt, zeigen die Wirkung der vom Implantat aus diffundierten Substanz an. Das gesamte Bindegewebe selbst scheint dagegen weniger betroffen zu sein, wenn auch hier Cytolyse und Phagocytose deutlich in Erscheinung treten.

III. Cancerogene Kohlenwasserstoffe (Benzpyren,Methylcholanthren)

Vergleich der Tumorgenese bei Maus und Taube

Nach einer gleichartigen Versuchstechnik: nämlich der operativen Einbringung von Methylcholanthren-Agar-Implantaten unter die Haut der Versuchstiere, kommt es bei Tauben und Mäusen zu gleichsinnigen Veränderungen in der Haut über den Implantaten. Nach einer charakteristischen phagocytären Anfangsreaktion in der Implantatumgebung erfolgt in der Subcutis der Haut eine Resorption des Fettgewebes und Vermehrung der fibrillären Substanz; beides führt zu einer spezifischen Veränderung der Haut, in der dann die ursprünglich vorhandenen verschiedenen Schichten nicht mehr erkennbar sind.

a) Hyperkeratose und Horncysten

Bald danach beginnt auch das Epithel mit einer Hyperplasie und starker Hornbildung, die sich nicht auf die Oberfläche beschränkt, sondern auch auf Feder- bzw. Haarfollikel übergreift und zur Bildung von Horncysten oder -zapfen führt (Abb. 16). Dieses räumliche Fortschreiten einer Implantatwirkung läßt deutlich die allmähliche Ausbreitung des Methylcholanthrens aus dem Implantat in das umgebende Gewebe erkennen, wobei für die Lösung des Agens allein die Gewebe selbst mit ihren Flüssigkeiten und keine experimentell zugeführten, evtl. allein schon schädigenden Mittel (z.B. Benzol, Aceton etc.) maßgebend sind.

b) Praecancerosen

Die fortschreitende Entartung des Epithels läßt ein atypisches praecanceröses Epithel (Abb. 17) entstehen, das keine normale Schichtung mehr zeigt, atypisch wächst und eine Zellpolymorphie aufweist.

c) Sarkome

Auch das Bindegewebe erfährt eine weiter fortschreitende Veränderung. Neben einer feinfibrillären Auflockerung oder hyalinen Zusammenballung der

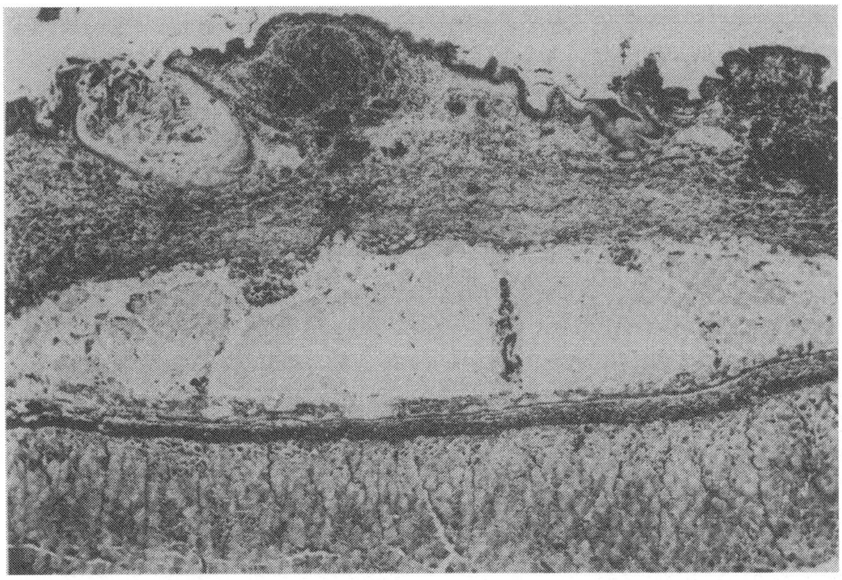

a)

b)

A b b i l d u n g 16

Die Wirkung von Methylcholanthren-Implantaten auf die Haut.
Beginn der Hautveränderungen

a) Taube, 98 Tage p.o. Die Haut ist in ihrer gesamten Dicke durch starke Bindegewebsvermehrung und Lymphocyteninfiltrate verändert, das Epithel ist verdickt (im Normalfall: einschichtiges Epithel), ein Federfollikel ist völlig in eine große Horncyste umgewandelt. Implantat zwischen Haut und Körpermuskulatur gelegen. Azan, 25/1

b) Maus, 21 Tage p.o. Die Haut läßt durch eine starke Bindegewebsvermehrung keinen Schichtenbau mehr erkennen,das unter normalen Umständen einschichtige Epithel ist stark verdickt, an der Oberfläche werden viele Hornlamellen abgestoßen. Die Haarfollikel werden zu Horncysten umgewandelt.Unter der Haut liegt das Implantat mit Methylcholanthrenkristallen. van GIESON, 100/1

a) 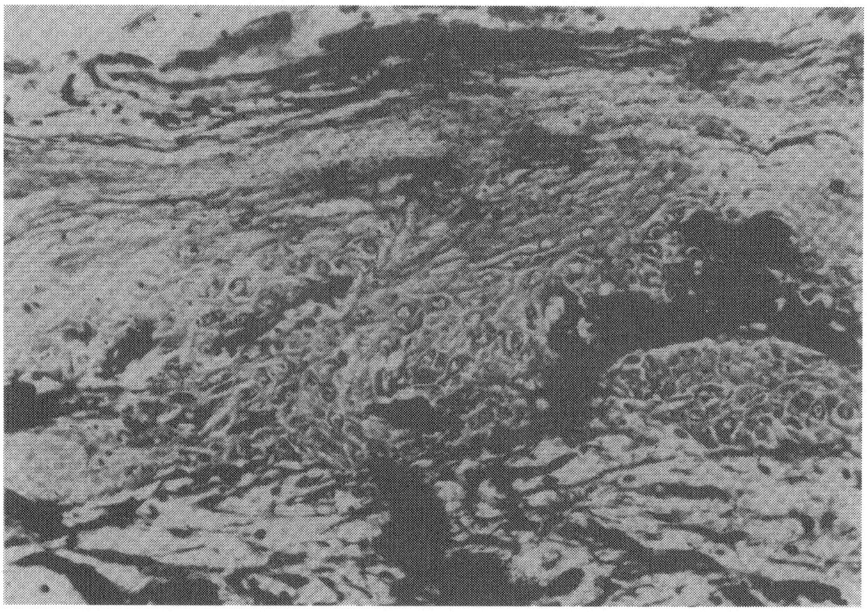

b) 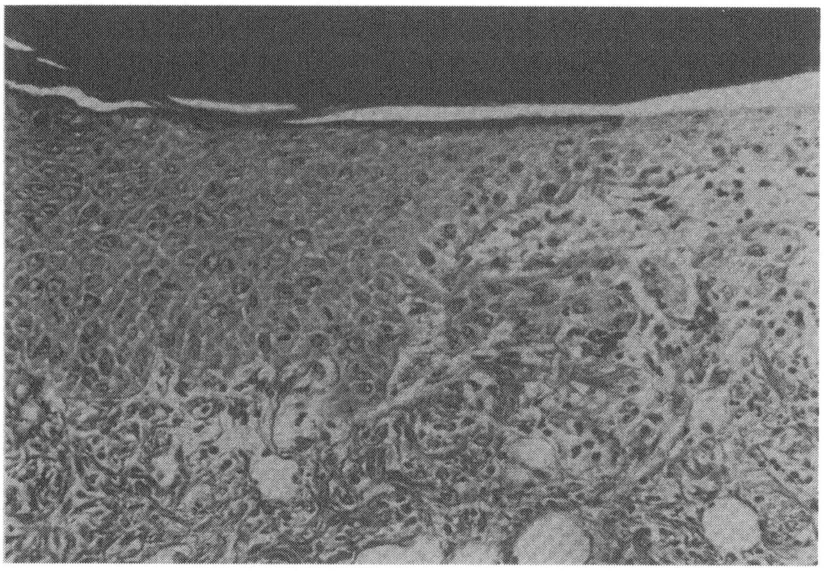

A b b i l d u n g 17

Fortschreiten der Hautveränderungen unter Einwirkung der Methylcholanthren-Implantate

a) Taube, 259 Tage p.o. Praecanceröses Epithel über dem Implantatbereich der Haut; atypische Epithelzapfen mit Mitosen und starker Verhornung (links bis ans Bindegewebe reichend), ein Schichtenbau des Epithels ist nicht mehr vorhanden. Das unterlagernde Bindegewebe ist z.T. sehr feinfibrillär umgeordnet worden, z.T. sehr grobfaserig zusammengeballt.
van GIESON, 200/1

b) Maus, 113 Tage p.o. Praecanceröses Epithel mit zapfenförmigen Ausläufern und Mitosen, an der Oberfläche stark verhornt. Kein Schichtenbau des Epithels mehr vorhanden, das Bindegewebe ist stark aufgelockert, der Faserverlauf ungeordnet. Azan, 200/1

a)

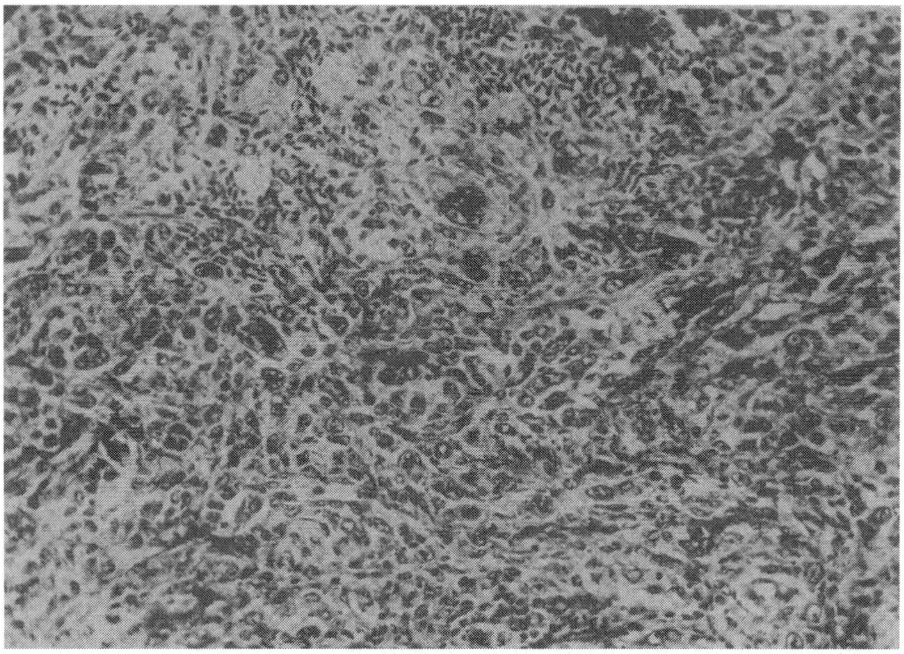

b)

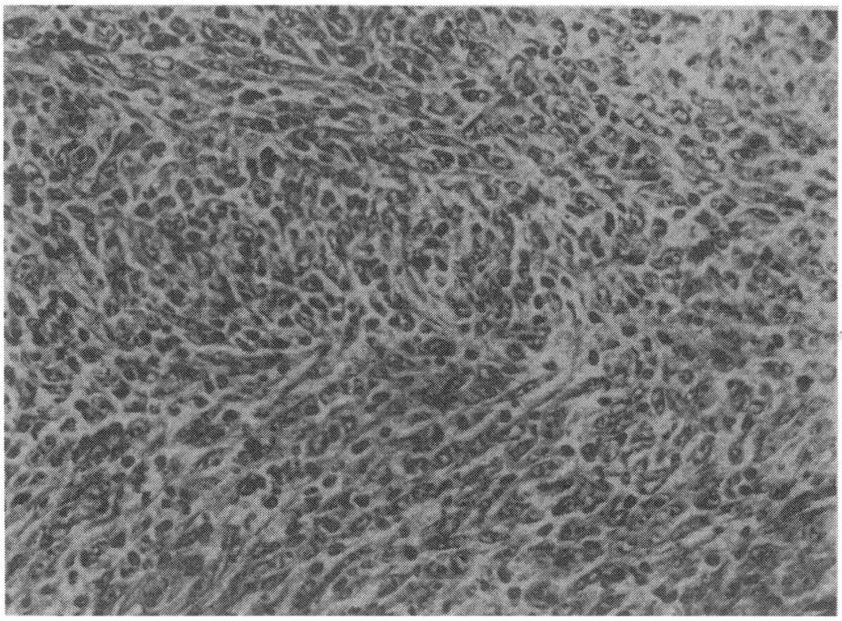

A b b i l d u n g 18

Maligne Entartung des Hautbindegewebes am Implantat : Sarkom

a) Taube, 434 Tage p.o. Ausschnitt aus einem ausgedehnten Spindelzellensarkom, einzelne kleine Blutungen, polymorphe Sarkomzellen wechseln mit solchen vom Spindelzellentyp ab; keine Ausbildung eines normalen Fasergerüstes. van GIESON, 200/1

b) Maus, 158 Tage p.o. Ausschnitt aus einem ausgedehnten Sarkom, überwiegend spindelförmige Sarkomzellen; keine Ausbildung eines normalen Fasergerüstes. van GIESON, 200/1

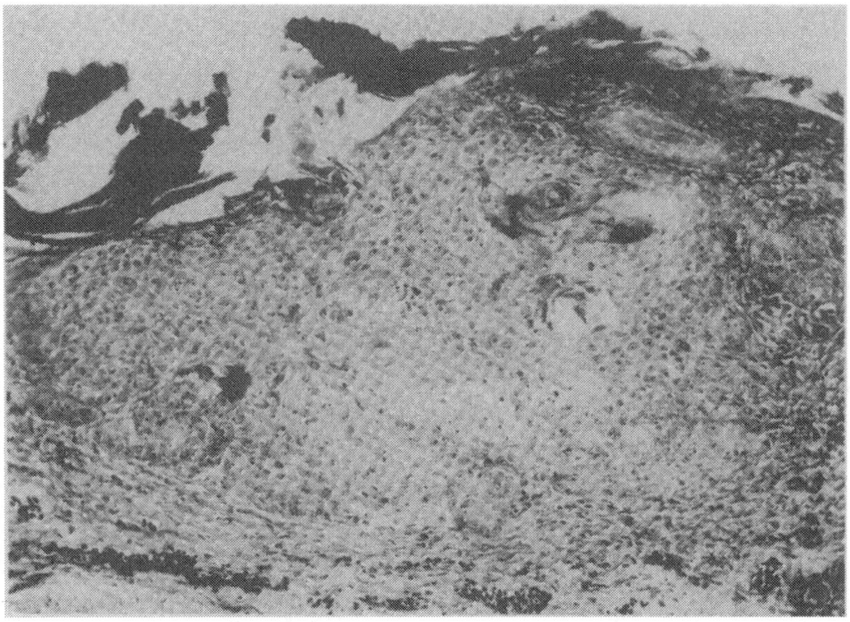

a)

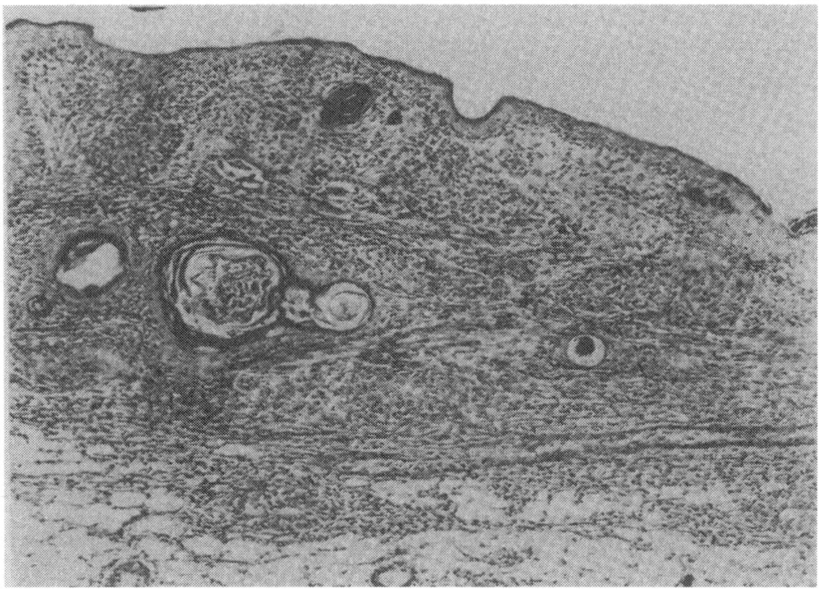

b)

A b b i l d u n g 19

Maligne Entartung des Hautepithels über dem Implantat : Carcinom

a) Taube, 339 Tage p.o. Ausschnitt aus dem oberflächlichen Teil eines verhornenden Plattenepithelcarcinoms, ungeordnetes Wachstum des Epithels, Bildung charakteristischer Hornperlen. Azan, 100/1

b) Maus, 90 Tage p.o. Ausschnitt aus der Randzone eines verhornenden Plattenepithelcarcinoms, destruktives Wachstum des Epithels mit charakteristischen Hornperlen in die Tiefe, bis zur Milchdrüse reichend.
Haem-Eosin, 100/1

kollagenen Fasern (Abb. 17) beginnen Fibrocytennester zu wuchern, und schließlich kommt es zum bösartigen Wachstum und der Bildung sich rasch ausbreitender Sarkome (Abb. 18) mit z.T. recht verschiedenartigem histologischen Bau. Nicht nur von Bindegewebszellen, sondern auch von der Muskulatur kann eine solche Geschwulst ihren Ursprung nehmen. Die Sarkome bedingen durch Metastierung oder fortschreitende Kachexie oder akute Gefäßeinbrüche mit Blutungen den Tod der Versuchstiere.

d) Carcinome

Die entsprechende maligne Entartung des Epithels auf der Grundlage der Praecancerose führt zu Carcinomen (Abb. 19), zumeist Plattenepithel- oder Zylinderzell-Carcinome mit allen histologischen Charakteristika. Ihr Wachstum geht langsamer als das der Sarkome vor sich.

Die Übereinstimmung der einzelnen Phasen der Hautveränderungen bei so verschiedenen Versuchstieren (Taube und Maus) läßt erkennen, daß es sich um allgemein bei der Cancerogenese wirksame Prinzipien handelt, die vor allem in den Stadien vor der endgültigen Malignität weiter analysiert werden müssen. Die Zeitunterschiede zwischen Taube und Maus erklären sich dabei wohl aus der verschiedenen Lebenserwartung, die bei der Taube etwa das 3 - 4 fache gegenüber der bei der Maus ist.

IV. Pflanzenschutzmittel

Einen guten Einblick in die Verschiedenartigkeit der Gewebsschäden durch Giftstoffe gewährt die Untersuchung der Einwirkung von Kupferkalkimplantaten.

1. Die Epidermis

Ist der Giftstoff erst bis in die Epidermis vorgedrungen, so treten an den Epithelzellen charakteristische Absterbeerscheinungen auf. Die Zellkerne werden zuerst blasig aufgetrieben, dann klumpt sich das Chromatin zusehends bis zur völligen Pyknose, schließlich tritt ein Kernzerfall ein (Abb. 20). So kann es kommen, daß im Bereich der Schädigung nach Abstoßung der toten Epidermis das Corium frei und unbedeckt an der Oberfläche liegt, was naturgemäß die Ursache für weitere Schädigung des Gewebes durch Flüssigkeitsverlust, Infektion u.a. sein kann (Abb. 21). Bei niedrigeren Konzentrationen des Giftstoffes machen sich Reaktionen ganz anderer Art

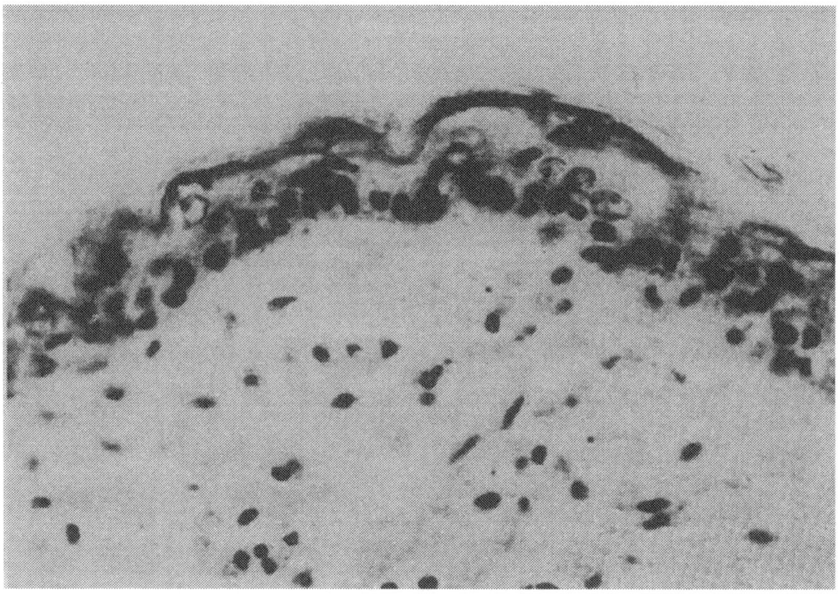

A b b i l d u n g 20

Epidermis: Zellkerne des Stratum germinativum pyknotisch, die distalwärts liegenden blasig aufgetrieben. Corium in Nekrobiose (Kupferkalk 3 %, 1 Tag p.op.) 560/1

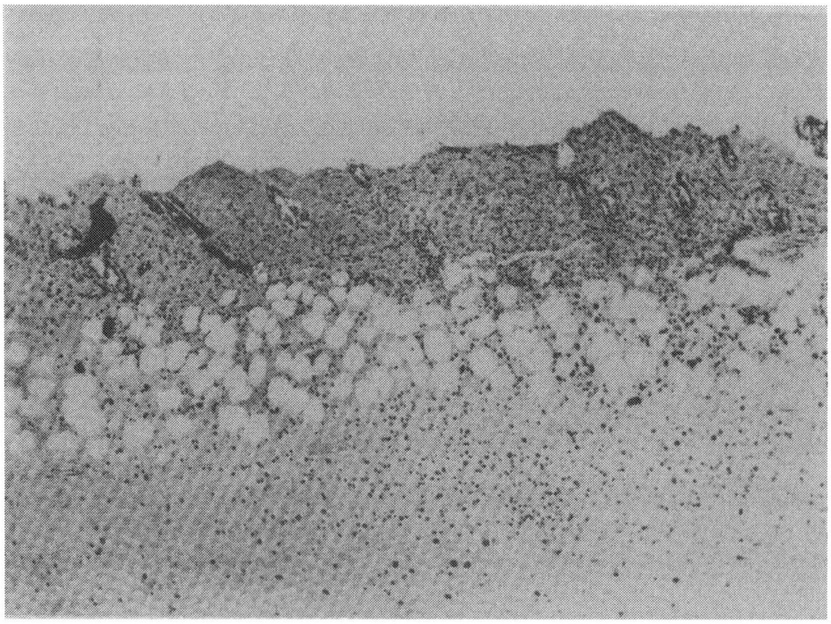

A b b i l d u n g 21

Totale Nekrose, Epidermis schon abgestoßen (Kupferkalk 7,5 % 3 Tage p.op.) 80/1

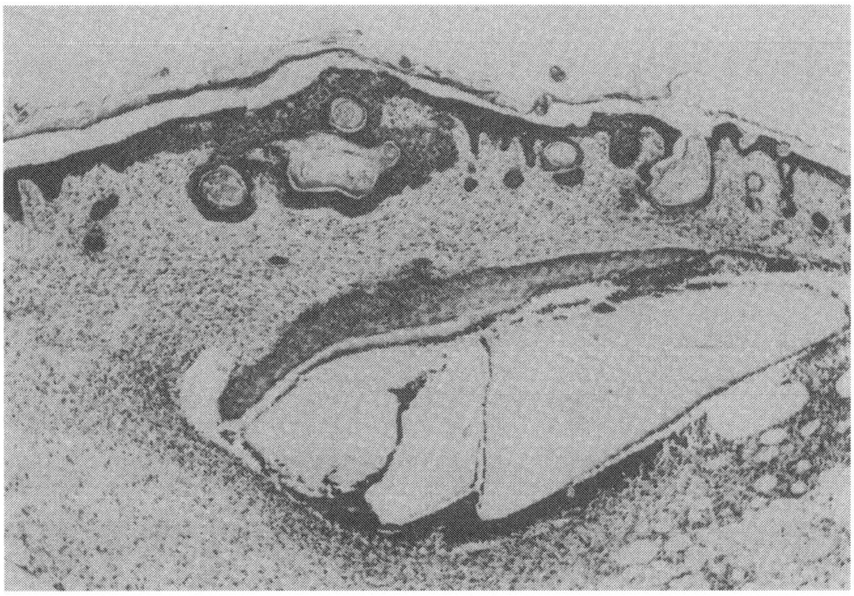

A b b i l d u n g 22

Starke Hyperkeratosis, Horncysten und Verschmelzung von Haarfollikeln, Regenerationsepithelzunge am Implanat (Kupferkalk 0,7 %, 10 Tage p.op.) 40/1

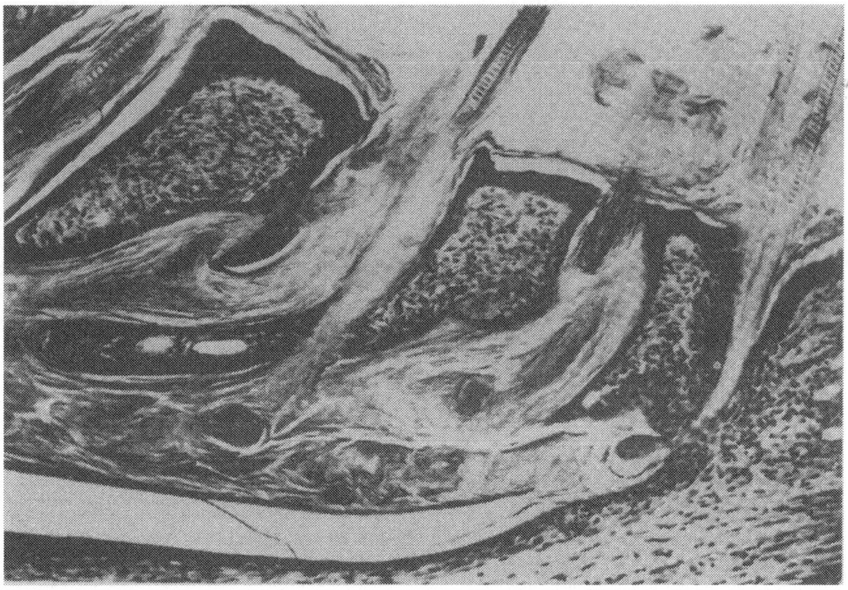

A b b i l d u n g 23

Starke Hyperkeratosis, völlig verhornte Haarfollikel (Kupferkalk 0,7 %, 14 Tage p.op.) 40/1 bemerkbar: Die Epidermis wird in ihrer mitotischen Aktivität stimuliert, so daß zahlreiche Zellschichten entstehen (Abb. 22). Diese Stimulierung erfaßt aber auch die Haarfollikel und die Drüsen. Gleichzeitig wird die Verhornung extrem gesteigert mit dem Erfolg, daß die ganzen Haaranlagen verhornen. So kommt es zur Entstehung grotesker Horngebilde im Anschluß an die Haare (Abb. 23), die u.a. als "Hornperlen" bekannt sind.

2. Das Corium

Veränderungen des Coriums können in verschiedener Weise auftreten. Vielfach beobachtet man bei gleichzeitigem Absterben der Fibrocyten und Fibroblasten eine völlige Lysis des gesamten Fibrillensystems (Abb. 24). In anderen Fällen jedoch treten Quellungen auf, die in erster Linie gerade die Fibrillen erfassen (Abb. 25). So wird auch der Epidermis, die vorher über die bekannte Vielschichtigkeit zu extremer Hyperkeratose übergegangen war, die Lebensmöglichkeit entzogen.

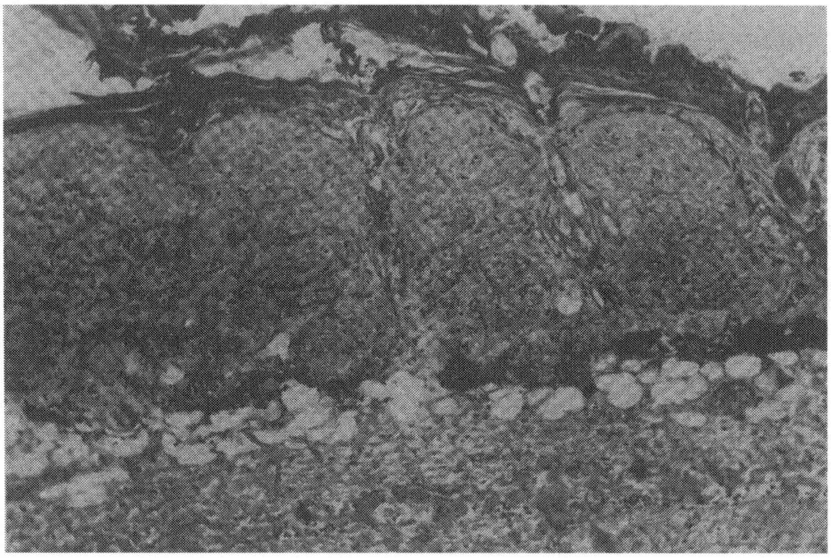

Abbildung 24

Starke Hyperkeratosis, Degeneration der Epidermis und des Coriums, zugrundegehende Phagocyten (Kupferkalk 3%, 12 Tage p.op.) 160/1

3. Die Muskulatur

Schon lange ist das Auftreten von Kernreihen in der quergestreiften Muskulatur (z.B. Herzmuskel) beschrieben. Es bestand jedoch bis heute keine

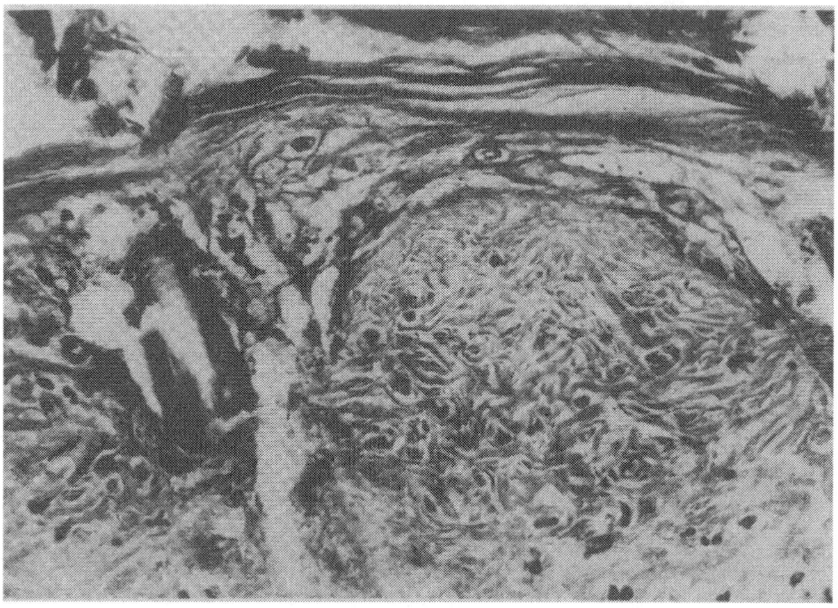

A b b i l d u n g 25
Wie Abbildung 24. Hyperkeratosis. Allgemeine Lysis, Pyknose der Kerne (Kupferkalk 3%, 12 Tage p.op.) 630/1

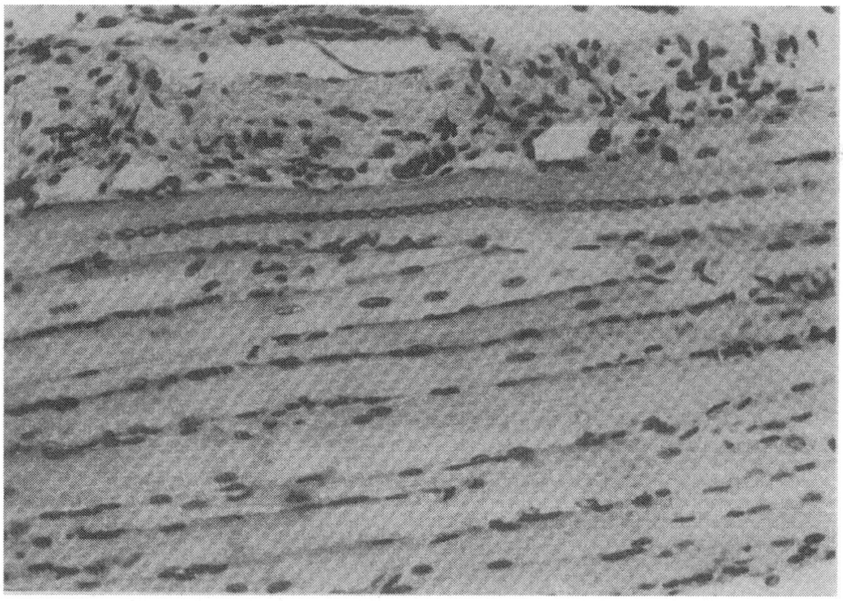

A b b i l d u n g 26
Degenerative Veränderungen in der Muskulatur (Panniculus carnosus) Kernreihenbildung (Kupferkalk 5%, 14 Tage p.op.)250/1

Klarheit darüber, ob es sich hierbei um Teilungsvorgänge innerhalb eines besonders aktiven Muskels oder um Schädigungen handelt. Das Auftreten von solchen Kernreihen im Panniculus carnosus, und zwar insbesondere in den dem Implantat benachbart liegenden Gebieten (Abb. 26 und 27) weist darauf hin, daß es sich hier offenbar um Schädigungen des Muskels durch den sich ausbreitenden Giftstoff handelt.

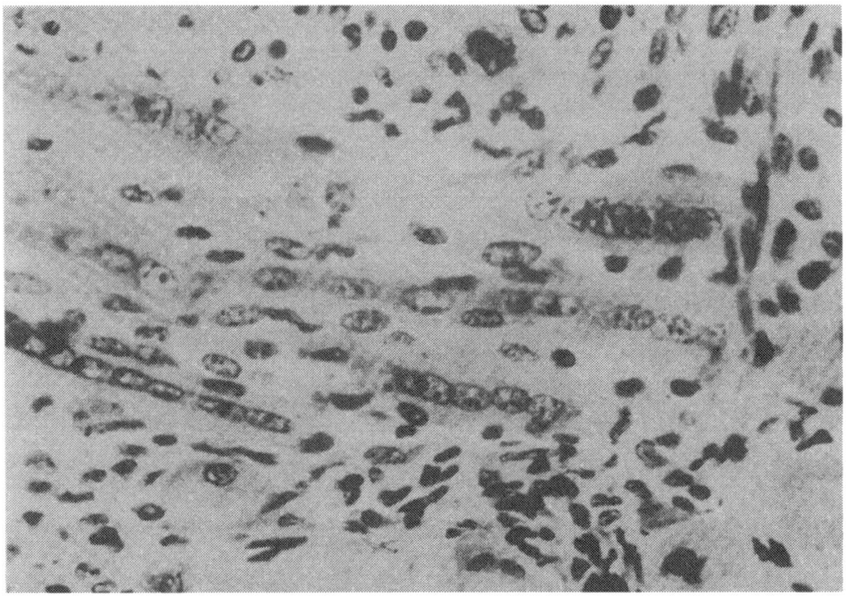

A b b i l d u n g 27
Wie Abbildung 26. Auflösung der Muskelfasern, Kernreihenbildung (Kupferkalk 5 %, 14 Tage p.op.) 250/1

4. Die Blutgefäße

Die Implantation von kupferkalkhaltigen Agarimplantaten unter die Rückenhaut von Mäusen führt nicht nur zu einer starken lokalen Schädigung in der unmittelbaren Umgebung, sondern auch durch allmähliche Ausbreitung des Kupferpräparates zu Schädigungen weiter entfernt befindlicher Gefäße, die nicht mehr im Bereich des die Implantate umgebenden Phagocytenwalles liegen.

Die beginnenden Veränderungen sind stets zuerst an der dem Implantat zugekehrten Seite sichtbar und bestehen in einem Niederschlag fibrinoider Substanzen auf die Gefäßwand (Abb. 28). Durch das Einsickern solcher eiweißhaltigen Flüssigkeiten durch die Gefäßwandung kommt es zu einer Thrombusbildung und starken Einengung des Gefäßvolumens (Abb. 29 und 30), wobei schließlich der Thrombus und die Gefäßwand von Phagocyten durchsetzt werden können (Abb. 31). Bei kleineren Arterien mit einer relativ dicken

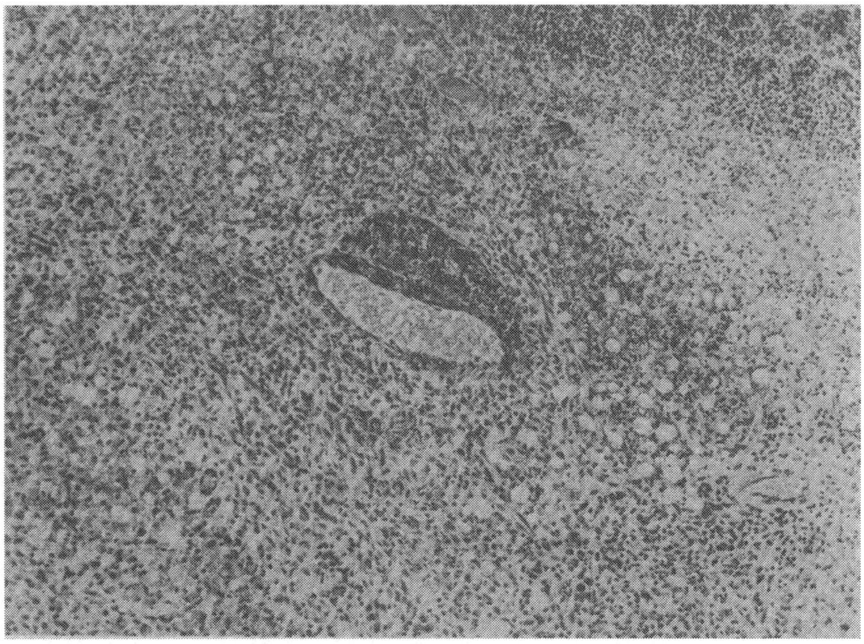

a)

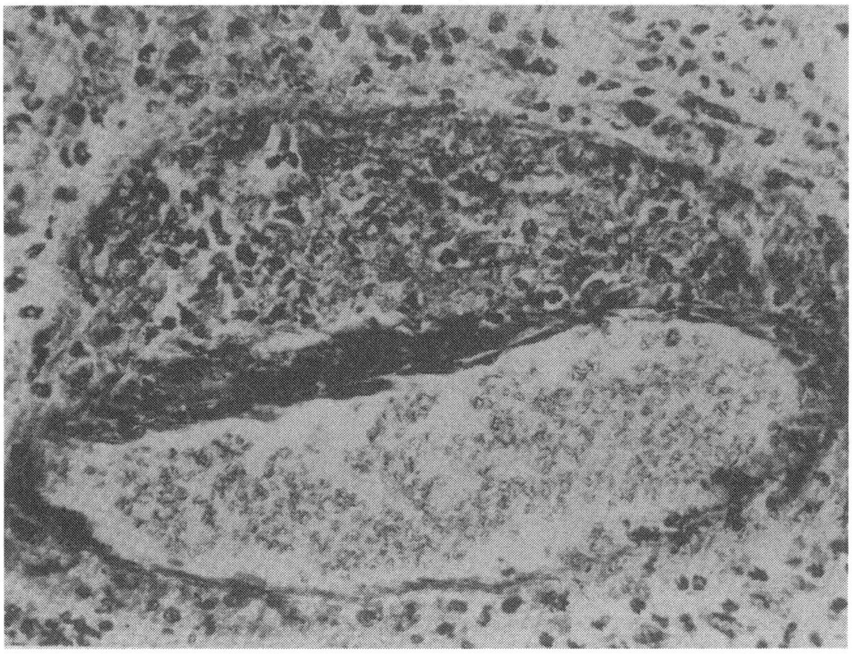

b)

A b b i l d u n g 28

Maus, Kupferkalk-Implantat 5 %ig, Zustand nach 5 Tagen. Beginnende Gefäßschädigung in der weiteren Umgebung des Implantates

a) Eine Vene im Fettgewebe des Nackens, rechts oben die Phagocyten am Implantat, Fettgewebe durchsetzt von Fibrocyten und Phagocyten, Auflagerung von fibrinoider Substanz auf die Gefäßwand. Haem-Eos. 150/1

b) Die Vene stärker vergrößert. Die Auflagerung von fibrinoider Substanz ist von Phagocyten durchsetzt und hat die Gefäßwand noch nicht durchbrochen. Haem-Eosin, 600/1

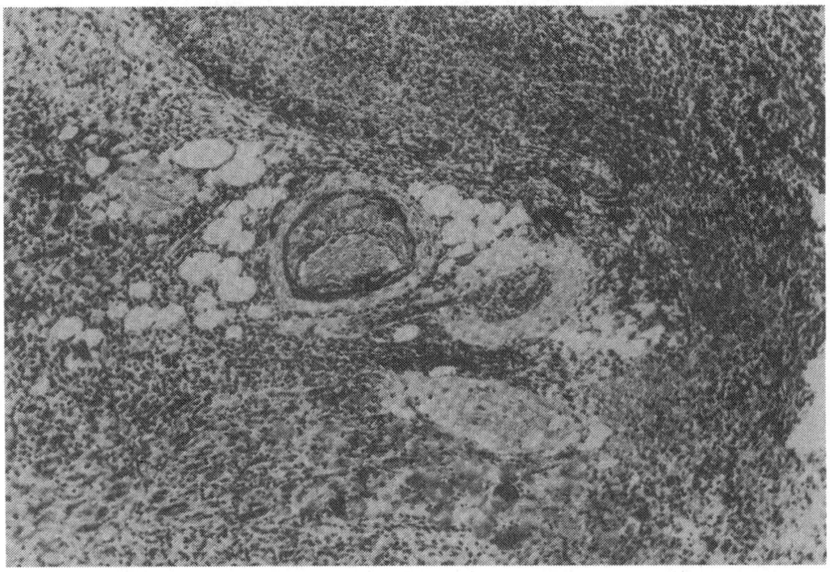

A b b i l d u n g 29

Maus, Kupferkalk-Implantat 3 %ig, Zustand nach 5 Tagen. Gefäßschädigung in der weiteren Umgebung des Implantates. Rechts oben der Phagocytenwall am Implantat. Darunter zwei kleinere Gefäße, eine Vene und eine Arterie, die beide fortgeschrittene Veränderungen zeigen. (Vergl.Abb.30a und b) Haem-Eosin, 150/1

und muskulösen Wand schützt diese zwar vor dem Eindringen sichtbarer Substanzen, aber das Endothel beginnt zu wuchern und verschließt auf diese Weise ebenfalls das Lumen (Abb. 30). Am häufigsten ist jedoch die Bildung eines einfachen Thrombus durch Blutgerinnung (Abb. 32). Dabei kommt es zu einer Degeneration der Gefäßwand.

Die auftretenden Gefäßschäden erlauben die Folgerung, daß Kupfer vom Implantat auch in den Organismus gelangt. In anderen Versuchen konnte dies bestätigt werden, in denen Kupfer in Niere und Leber nachgewiesen werden konnte.

An weiteren Pflanzenschutzmitteln gelangten zur Untersuchung:

1. Schwefelhaltige Fungizide: Cosan
2. Schwermetallhaltige Mittel: Kupferkalk, Aventa (Quecksilber), Fuklasin (Zink), Bleiarsen
3. Mittel auf organischer Grundlage: Nirit, Gamma-Hexachlorcyclohexan, Dieldrin, Toxaphen, ferner an

Phosphorsäureester-Präparaten: E 605-Folidol, E 605 forte, Systox, Selinon.

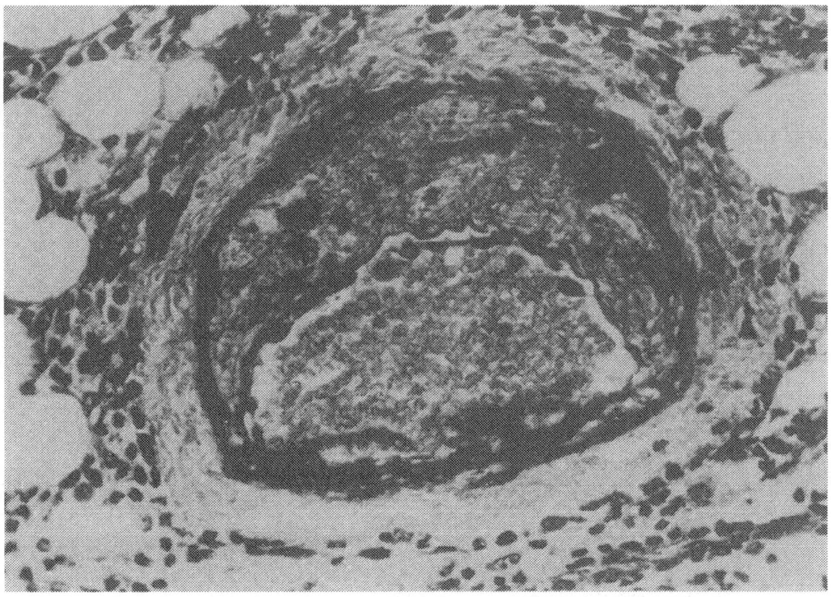

a)

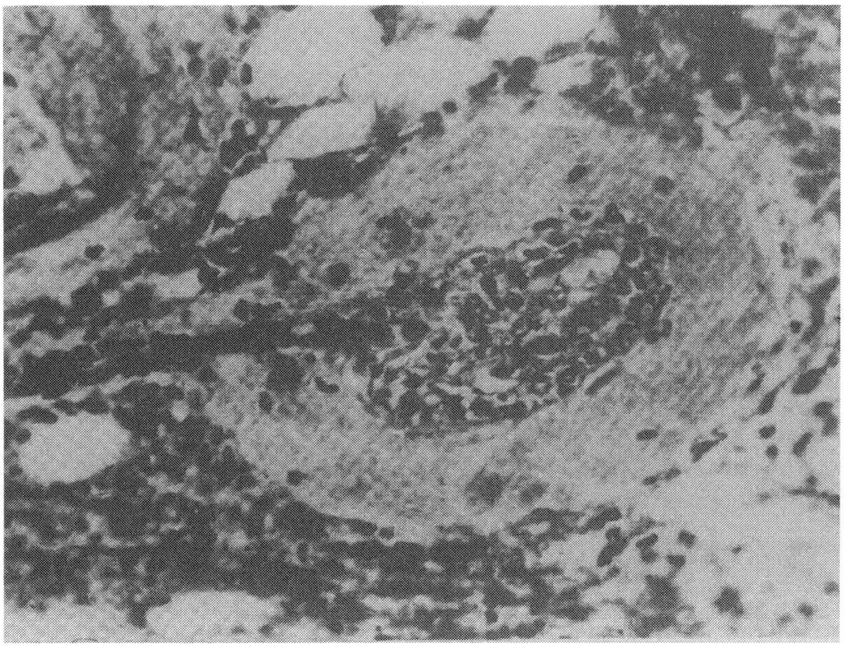

b)

Abbildung 30

Ausschnitte aus der Abbildung 29, stärker vergrößert

a) Die Vene. An der dem Implantat zugekehrten Seite ist fibrinoide Substanz durch die Wandung eingesickert und hat die Elastica interna mit dem Endothel von der Wandung abgedrängt. Das Gefäßlumen ist stark eingeengt worden. Haem-Eosin, 600/1

b) Die Arterie. Die Wandung ist verdickt und hyalinisiert, das Endothel ist gewuchert und hat das Lumen völlig ausgefüllt. Die einmündende Arteriole ist dadurch ebenfalls verschlossen. Haem-Eos. 600/1

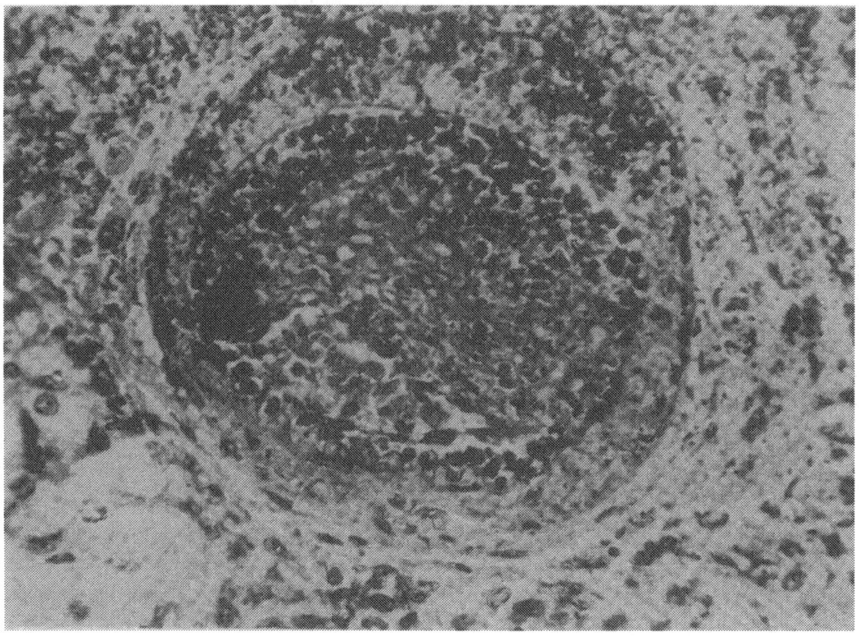

A b b i l d u n g 31

Maus, Kupferkalk-Implantat 5 %ig, Zustand nach 3 Tagen. Fortschreitende Gefäßschädigung. Das Gefäßlumen ist durch Ablagerung von fibrinoider Substanz stark eingeengt worden, aber noch von Endothel ausgekleidet. An der dem Implantat zugekehrten Seite ist die Wandung degeneriert, zahlreiche Phagocyten sind in die Wand und den Thrombus eingewandert. Haem-Eos.600/1

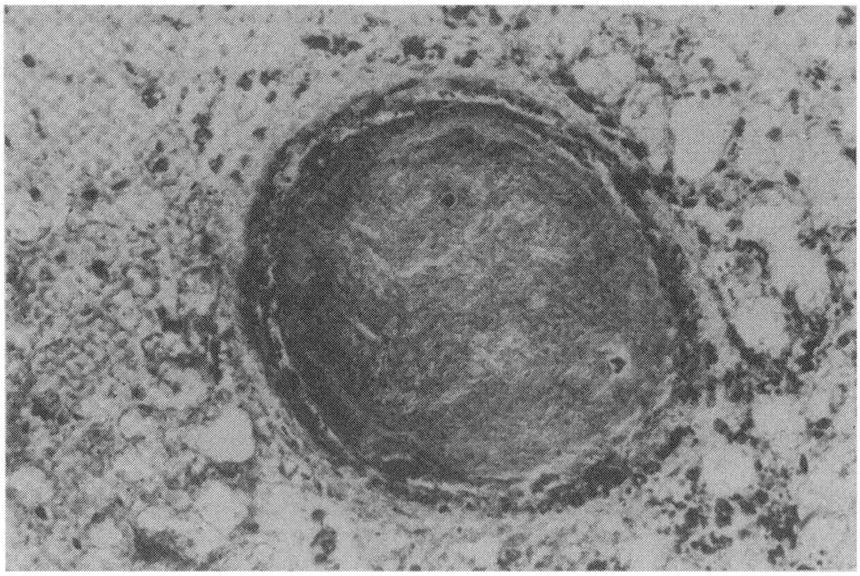

A b b i l d u n g 32

Maus, Kupferkalk-Implantat 5 %ig, Zustand nach 3 Tagen.
Vene im Fettgewebe unter dem Implantat. Ein Thrombus, in dem stellenweise die Struktur der Erythrocyten noch zu erkennen ist, erfüllt das Gefäßlumen. Wandung mit pyknotischen Zellkernen, die z.T. von eingedrungenen Phagocyten stammen. Haem-Eosin, 600/1

D. Zusammenfassung

1. Mit den Fortschritten von Wissenschaft und Technik wird der menschliche Körper zunehmend einem unbiologischen Milieu und der Einwirkung inadäquater Stoffe ausgesetzt. Diese Tatsache findet ihren extremen Ausdruck in dem Auftreten von "Berufskrankheiten". Es erscheint daher wesentlich, die Reaktionsweise von Organen und Geweben auf verschiedenartige Stoffgruppen im Zusammenhang zu untersuchen.

2. Als Versuchsobjekt wurde in den vorliegenden Untersuchungen die Rückenhaut der Maus gewählt. Das Integument als Ganzes stellt ja gerade neben Ernährungs- und Atmungsorganen das für den stofflichen Austausch mit der Umgebung prädestinierte Organ dar. Im Hinblick auf die Erfassung quantitativer Verhältnisse sowie das Problem der Permeabilität wurden die Substanzen in Agar eingebracht und so in die Rückenhaut implantiert.

3. Da jede Gewebsreaktion gegenüber Fremdstoffen nicht nur als mehr oder weniger schwerwiegende Alteration in Erscheinung tritt, sondern letzten Endes eine Reinigung des Gewebes bzw. eine Wundheilung bewirkt, wurden zunächst die Vorgänge bei einer traumatischen Regeneration der Haut untersucht. Die Wundheilung umfaßt: Wundverschluß, Regeneration und phagocytäre Reaktion.

4. Die durch bestimmte Waschmittel an der Haut hervorgerufenen Veränderungen sind verschiedener Art je nach der Zusammensetzung der betreffenden Mittel. Ebenso wie die gesamte Haut schwer alteriert werden kann, ist gegebenenfalls auch nur eine Reaktion an bestimmten Strukturelementen zu beobachten. Von zahlreichen untersuchten Mitteln ruft der überwiegende Teil an der gesunden Haut keine Schädigung hervor.

5. Cancerogene Kohlenwasserstoffe (Benzpyren, Methylcholanthren u.a.) lösen an der Haut von Maus und Haustaube Reaktionen aus, die von cytologisch als unspezifisch erscheinenden Veränderungen über praecanceröse Stadien zu charakteristischen Sarkomen und Carcinomen führen. Methode und Versuchsobjekte lassen eine Untersuchung des Reizschwellen-Problems sowie der Frage von Entwicklungsunterbrechung und Entwicklungsstillstand zu. Diese Arbeiten sind z.Zt. noch nicht abgeschlossen.

6. Die untersuchten Pflanzenschutzmittel können nach ihrer Wirkung auf die Haut in folgende Gruppen unterteilt werden:

a) Die durch die zu prüfende Substanz hervorgerufene Reaktion entspricht weitgehend der durch die Kontrollimplantate (reiner Agar) ausgelösten. Sie besteht in einer mässigen Phagocytenanreicherung und leichter kollateraler Ödembildung. Hierhin gehören Cosan, Bleiarsen, Hexachlorcyclohexan, Dieldrin und E 605 Folidol. Es ist also keine spezifische Wirkung auf die Haut festzustellen.

b) Durch die implantierte Substanz wird die phagocytäre Reaktion abgeschwächt, wie z.B. Aventa, E 605 forte und Systox.

c) Starke Reaktionen im Sinne von Gewebsschädigungen lösen in ihrer Umgebung Kupferkalk, Fuklasin, Toxaphen, Nirit und Selinon aus. Bei diesen Substanzen war die Reaktionsstärke von der implantierten Menge unmittelbar abhängig. Bei Kupferkalkimplantaten mit unterschiedlichen Konzentrationen zeigen sich auch qualitative Abweichungen. Während bei hohen Konzentrationen unter schweren Degenerationserscheinungen des Gewebes die Implantate rasch abgekapselt und ausgestoßen werden, lösen niedrigprozentige Kupferkalkimplantate neben anderen Erscheinungen besonders allgemeine Hypertrophie der Epidermis und starke Hyperkeratosis aus. Bei den durch Toxaphen ausgelösten Gewebeveränderungen überwiegt die Heftigkeit der Phagocytenreaktion die Ödembildung bei weitem. Dagegen ruft Selinon und Nirit in erster Linie Exsudation und kollaterale Ödembildung hervor, die Phagocytenreaktion tritt demgegenüber zurück.

Die Versuchsergebnisse sind ein Hinweis auf die Gefährlichkeit vieler der heute gebräuchlichen Schädlingsbekämpfungsmittel. Besondere Beachtung ist den Präparaten zu schenken, von denen die Haut ohne örtliche Alteration passiert wird, die aber rasch in den inneren Stoffwechsel gelangen bevor sie ausgeschieden werden.

7. Je nach der Natur der einwirkenden Stoffe, vielfach auch je nach den quantitativen Verhältnissen stehen physiologische bzw. pathologische Erscheinungen im Vordergrund des Geschehens. Die Reaktionsweise selbst kann durch das Aktionssystem (die zugeführte Substanz) ebenso wie durch das Reaktionssystem (die Haut) bestimmt werden. So antwortet die Epidermis auf die verschiedenartigsten Stoffe mit Erhöhung der Mitosenrate, Vielschichtigkeit und Hyperkeratose, aber nur auf ganz bestimmte Stoffgruppen (Cancerogene) mit canceröser Entartung. Gewissen Substanzen sind selektive Wirkungen zuzuschreiben, indem nur bestimmte Gewebs- und Zellelemente ansprechen (z.B. Phagocyten, Epidermis), andere Stoffe erfassen sämtliche

Hautschichten. Von besonderer Bedeutung erscheint die Feststellung, daß die schützende Haut ohne selbst eine Reaktion erkennen zu lassen von manchen Agentien passiert werden kann, und daß diese erst an inneren Organen eine Schädigung auslösen (z.B. Kupfer).

Prof- Dr. Otto KUHN, Köln
Zoologisches Institut der Universität Köln

E. Literaturverzeichnis

DINSE-HORSTMANN, I. Die Reaktion des Warmblüterorganismus auf Pflanzenschutzmittel nach deren Implantation unter die Haut. Dissertation Köln 1956

KOECKE, H.U. Die Reaktionsweise der Mäusehaut nach Implantation an Agar gebundener Stoffe, insbesondere cancerogener Agentien. Z.f. Krebsforschung 59, 402-467, 1953

KUHN, O. Erkenntnisquellen für die Reaktionsweise der Haut als äussere Körperbedeckung. Phot. u. Wiss. 1, 12-19, 1952

KUHN, O. Echinacin und Phagocytenreaktion. Arzneimittel-Forschg. 3, 194-200, 1953

KUHN, O. und H.O. HAMMER Über die Einwirkung des Schilddrüsenhormons auf die Ossifikation. Experientia 12, 231-233, 1956

KUHN, O. und H.U. KOECKE Histologische und cytologische Veränderungen der Fischkiemen nach Einwirkung im Wasser enthaltender schädigender Substanzen. Z.f. Zellforschg. 43, 611-643, 1956

KUHN, O. und H.U. KOECKE Über die Entstehung von Primärtumoren und praecancerösen Stadien in der Mäuselunge nach Implantation cancerogener Stoffe unter die Rückenhaut. Phot. u. Forsch. 7, 17-23, 1956

KUHN, O. Über die Einwirkung von Waschmitteln auf die Warmblüterhaut. Arch.klin.u.exp.Dermatologie 203, 311-322, 1956

WEBER, W. Experimentelle Untersuchungen über das Problem der Wundheilung bei Salamandra maculosa. Roux'-Arch. im Druck, 1957

Weitere Literatur in den angeführten Schriften.

FORSCHUNGSBERICHTE
DES WIRTSCHAFTS- UND VERKEHRSMINISTERIUMS
NORDRHEIN-WESTFALEN

Herausgegeben von Staatssekretär Prof. Dr. h. c. Leo Brandt

HEFT 1
Prof. Dr.-Ing. E. Flegler, Aachen
Untersuchungen oxydischer Ferromagnet-Werkstoffe
1952, 20 Seiten, DM 6,75

HEFT 2
Prof. Dr. W. Fuchs, Aachen
Untersuchungen über absatzfreie Teeröle
1952, 32 Seiten, 5 Abb., 6 Tabellen, DM 10,—

HEFT 3
Techn.-Wissenschaftl. Büro für die Bastfaserindustrie, Bielefeld
Untersuchungsarbeiten zur Verbesserung des Leinenwebstuhls
1952, 44 Seiten, 7 Abb., 3 Tabellen, DM 12,50

HEFT 4
Prof. Dr. E. A. Müller und Dipl.-Ing. H. Spitzer, Dortmund
Untersuchungen über die Hitzebelastung in Hüttenbetrieben
1952, 28 Seiten, 5 Abb., 1 Tabelle, DM 9,—

HEFT 5
Dipl.-Ing. W. Fister, Aachen
Prüfstand der Turbinenuntersuchungen
1952, 40 Seiten, 30 Abb., 3 Schaltbilder, DM 1,—

HEFT 6
Prof. Dr. W. Fuchs, Aachen
Untersuchungen über die Zusammensetzung und Verwendbarkeit von Schwelteerfraktionen
1952, 36 Seiten, DM 10,50

HEFT 7
Prof. Dr. W. Fuchs, Aachen
Untersuchungen über emsländisches Petrolatum
1952, 36 Seiten, 1 Abb., 17 Tabellen, DM 10,50

HEFT 8
M. E. Meffert und H. Stratmann, Essen
Algen-Großkulturen im Sommer 1951
1953, 52 Seiten, 4 Abb., 20 Tabellen, DM 9,75

HEFT 9
Techn.-Wissenschaftl. Büro für die Bastfaserindustrie, Bielefeld
Untersuchungen über die zweckmäßige Wicklungsart von Leinengarnkreuzspulen unter Berücksichtigung der Anwendung hoher Geschwindigkeiten des Garnes
Vorversuche für Zetteln und Schären von Leinengarnen auf Hochleistungsmaschinen
1952, 48 Seiten, 7 Abb., 7 Tabellen, DM 9,25

HEFT 10
Prof. Dr. W. Vogel, Köln
„Das Streifenpaar" als neues System zur mechanischen Vergrößerung kleiner Verschiebungen und seine technischen Anwendungsmöglichkeiten
1953, 20 Seiten, 6 Abb., DM 4,50

HEFT 11
Laboratorium für Werkzeugmaschinen und Betriebslehre, Technische Hochschule Aachen
1. Untersuchungen über Metallbearbeitung im Fräsvorgang mit Hartmetallwerkzeugen und negativem Spanwinkel
2. Weiterentwicklung des Schleifverfahrens für die Herstellung von Präzisionswerkstücken unter Vermeidung hoher Temperaturen
3. Untersuchung von Oberflächenveredlungsverfahren zur Steigerung der Belastbarkeit hochbeanspruchter Bauteile
1953, 80 Seiten, 61 Abb., DM 15,75

HEFT 12
Elektrowärme-Institut, Langenberg (Rhld.)
Induktive Erwärmung mit Netzfrequenz
1952, 22 Seiten, 6 Abb., DM 5,20

HEFT 13
Techn.-Wissenschaftl. Büro für die Bastfaserindustrie, Bielefeld
Das Naßspinnen von Bastfasergarnen mit chemischen Zusätzen zum Spinnbad
1953, 52 Seiten, 4 Abb., 19 Tabellen, DM 10,—

HEFT 14
Forschungsstelle für Acetylen, Dortmund
Untersuchungen über Aceton als Lösungsmittel für Acetylen
1952, 64 Seiten, 10 Abb., 26 Tabellen, DM 12,25

HEFT 15
Wäschereiforschung Krefeld
Trocknen von Wäschestoffen
1953, 48 Seiten, 14 Abb., 2 Tabellen, DM 9,—

HEFT 16
Max-Planck-Institut für Kohlenforschung, Mülheim a. d. Ruhr
Arbeiten des MPI für Kohlenforschung
1953, 104 Seiten, 9 Abb., DM 17,80

HEFT 17
Ingenieurbüro Herbert Stein, M.-Gladbach
Untersuchung der Verzugsvorgänge in den Streckwerken verschiedener Spinnereimaschinen. 1. Bericht: Vergleichende Prüfung mit verschiedenen Dickenmeßgeräten
1952, 36 Seiten, 15 Abb., DM 8,—

HEFT 18
Wäschereiforschung Krefeld
Grundlagen zur Erfassung der chemischen Schädigung beim Waschen
1953, 68 Seiten, 15 Abb., 15 Tabellen, DM 12,75

HEFT 19
Techn.-Wissenschaftl. Büro für die Bastfaserindustrie, Bielefeld
Die Auswirkung des Schlichtens von Leinengarnketten auf den Verarbeitungswirkungsgrad, sowie die Festigkeit und Dehnungsverhältnisse der Garne und Gewebe
1953, 48 Seiten, 1 Abb., 9 Tabellen, DM 9,—

HEFT 20
Techn.-Wissenschaftl. Büro für die Bastfaserindustrie, Bielefeld
Trocknung von Leinengarnen I
Vorgang und Einwirkung auf die Garnqualität
1953, 62 Seiten, 18 Abb., 5 Tabellen, DM 12,—

HEFT 21
Techn.-Wissenschaftl. Büro für die Bastfaserindustrie, Bielefeld
Trocknung von Leinengarnen II
Spulenanordnung und Luftführung beim Trocknen von Kreuzspulen
1953, 66 Seiten, 22 Abb., 9 Tabellen, DM 13,—

HEFT 22
Techn.-Wissenschaftl. Büro für die Bastfaserindustrie, Bielefeld
Die Reparaturanfälligkeit von Webstühlen
1953, 28 Seiten, 7 Abb., 5 Tabellen, DM 5,80

HEFT 23
Institut für Starkstromtechnik, Aachen
Rechnerische und experimentelle Untersuchungen zur Kenntnis der Metadyne als Umformer von konstanter Spannung auf konstanten Strom
1953, 52 Seiten, 20 Abb., 4 Tafeln, DM 9,75

HEFT 24
Institut für Starkstromtechnik, Aachen
Vergleich verschiedener Generator-Metadyne-Schaltungen in bezug auf statisches Verhalten
1952, 44 Seiten, 23 Abb., DM 8,50

HEFT 25
Gesellschaft für Kohlentechnik mbH., Dortmund-Eving
Struktur der Steinkohlen und Steinkohlen-Kokse
1953, 58 Seiten, DM 11,—

HEFT 26
Techn.-Wissenschaftl. Büro für die Bastfaserindustrie, Bielefeld
Vergleichende Untersuchungen zweier neuzeitlicher Ungleichmäßigkeitsprüfer für Bänder und Garne hinsichtlich ihrer Eignung für die Bastfaserspinnerei
1953, 64 Seiten, 30 Abb., DM 12,50

HEFT 27
Prof. Dr. E. Schratz, Münster
Untersuchungen zur Rentabilität des Arzneipflanzenanbaues Römische Kamille, Anthemis nobilis L.
1953, 16 Seiten, 1 Tabelle, DM 3,60

HEFT 28
Prof. Dr. E. Schratz, Münster
Calendula officinalis L. Studien zur Ernährung, Blütenfüllung und Rentabilität der Drogengewinnung
1953, 24 Seiten, 2 Abb., 3 Tabellen, DM 5,20

HEFT 29
Techn.-Wissenschaftl. Büro für die Bastfaserindustrie, Bielefeld
Die Ausnützung der Leinengarne in Geweben
1953, 100 Seiten, 14 Abb., 10 Tabellen, DM 17,80

HEFT 30
Gesellschaft für Kohlentechnik mbH., Dortmund-Eving
Kombinierte Entaschung und Verschwelung von Steinkohle; Aufarbeitung von Steinkohlenschlämmen zu verkokbarer oder verschwelbarer Kohle
1953, 56 Seiten, 16 Abb., 10 Tabellen, DM 10,50

HEFT 31
Dipl.-Ing. A. Stormanns, Essen
Messung des Leistungsbedarfs von Doppelsteg-Kettenförderern
1954, 54 Seiten, 18 Abb., 3 Anlagen, DM 11,—

HEFT 32
Techn.-Wissenschaftl. Büro fur die Bastfaserindustrie, Bielefeld
Der Einfluß der Natriumchloridbleiche auf Qualität und Verwebbarkeit von Leinengarnen und die Eigenschaften der Leinengewebe unter besonderer Berücksichtigung des Einsatzes von Schützen- und Spulenwechselautomaten in der Leinenweberei
1953, 64 Seiten, 2 Abb., 12 Tabellen, DM 11,50

HEFT 33
Kohlenstoffbiologische Forschungsstation e. V.
Eine Methode zur Bestimmung von Schwefeldioxyd und Schwefelwasserstoff in Rauchgasen und in der Atmosphäre
1953, 32 Seiten, 8 Abb., 3 Tabellen, DM 6,50

HEFT 34
Textilforschungsanstalt Krefeld
Quellungs- und Entquellungsvorgänge bei Faserstoffen
1953, 52 Seiten, 13 Abb., 13 Tabellen, DM 9,80

WESTDEUTSCHER VERLAG · KÖLN UND OPLADEN

HEFT 35
Professor Dr. W. Kast, Krefeld
Feinstrukturuntersuchungen an kunstlichen Zellulosefasern verschiedener Herstellungsverfahren. Teil I: Der Orientierungszustand
1953, 74 Seiten, 30 Abb., 7 Tabellen, DM 13,80

HEFT 36
Forschungsinstitut der feuerfesten Industrie, Bonn
Untersuchungen über die Trocknung von Rohton
Untersuchungen über die chemische Reinigung von Silika- und Schamotte-Rohstoffen mit chlorhaltigen Gasen
1953, 60 Seiten, 5 Abb., 5 Tabellen, DM 11,—

HEFT 37
Forschungsinstitut der feuerfesten Industrie, Bonn
Untersuchungen uber den Einfluß der Probenvorbereitung auf die Kaltdruckfestigkeit feuerfester Steine
1953, 40 Seiten, 2 Abb., 5 Tabellen, DM 7,80

HEFT 38
Forschungsstelle für Acetylen, Dortmund
Untersuchungen über die Trocknung von Acetylen zur Herstellung von Dissousgas
1953, 36 Seiten, 11 Abb., 3 Tabellen, DM 6,80

HEFT 39
Forschungsgesellschaft Blechverarbeitung e. V., Düsseldorf
Untersuchungen an pragegemusterten und vorgelochten Blechen
1953, 46 Seiten, 34 Abb., DM 9,50

HEFT 40
Landesgeologe Dr.-Ing. W. Wolff,
Amt fur Bodenforschung, Krefeld
Untersuchungen uber die Anwendbarkeit geophysikalischer Verfahren zur Untersuchung von Spateisengangen im Siegerland
1953, 46 Seiten, 8 Abb., DM 8,80

HEFT 41
Techn.-Wissenschaftl. Büro für die Bastfaserindustrie, Bielefeld
Untersuchungsarbeiten zur Verbesserung des Leinenwebstuhles II
1953, 40 Seiten, 4 Abb., 5 Tabellen, DM 7,80

HEFT 42
Professor Dr. B. Helferich, Bonn
Untersuchungen über Wirkstoffe — Fermente — in der Kartoffel und die Moglichkeit ihrer Verwendung
1953, 58 Seiten, 9 Abb., DM 11,—

HEFT 43
Forschungsgesellschaft Blechverarbeitung e. V., Dusseldorf
Forschungsergebnisse über das Beizen von Blechen
1953, 48 Seiten, 38 Abb., 2 Tabellen, DM 11,30

HEFT 44
Arbeitsgemeinschaft für praktische Dehnungsmessung, Dusseldorf
Eigenschaften und Anwendungen von Dehnungsmeßstreifen
1953, 68 Seiten, 43 Abb., 2 Tabellen, DM 13,70

HEFT 45
Losenhausenwerk Düsseldorfer Maschinenbau AG., Dusseldorf
Untersuchungen von storenden Einflüssen auf die Lastgrenzenanzeige von Dauerschwingprüfmaschinen
1953, 36 Seiten, 11 Abb., 3 Tabellen, DM 7,25

HEFT 46
Prof. Dr. W. Fuchs, Aachen
Untersuchungen über die Aufbereitung von Wasser fur die Dampferzeugung in Benson-Kesseln
1953, 58 Seiten, 18 Abb., 9 Tabellen, DM 11,20

HEFT 47
Prof. Dr.-Ing. K. Krekeler, Aachen
Versuche uber die Anwendung der induktiven Erwarmung zum Sintern von hochschmelzenden Metallen sowie zur Anlegierung und Vergütung von aufgespritzten Metallschichten mit dem Grundwerkstoff
1954, 66 Seiten, 39 Abb., DM 13,90

HEFT 48
Max-Planck-Institut für Eisenforschung, Düsseldorf
Spektrochemische Analyse der Gefugebestandteile in Stahlen nach ihrer Isolierung
1953, 38 Seiten, 8 Abb., 5 Tabellen, DM 7,80

HEFT 49
Max-Planck-Institut fur Eisenforschung, Düsseldorf
Untersuchungen uber Ablauf der Desoxydation und die Bildung von Einschlussen in Stählen
1953, 52 Seiten, 19 Abb., 3 Tabellen, DM 12,40

HEFT 50
Max-Planck-Institut fur Eisenforschung, Düsseldorf
Flammenspektralanalytische Untersuchung der Ferritzusammensetzung in Stählen
1953, 44 Seiten, 15 Abb., 4 Tabellen, DM 8,60

HEFT 51
Verein zur Förderung von Forschungs- und Entwicklungsarbeiten in der Werkzeugindustrie e. V., Remscheid
Untersuchungen an Kreissägeblättern für Holz, Fehler- und Spannungsprüfverfahren
1953, 50 Seiten, 23 Abb., DM 10,—

HEFT 52
Forschungsstelle fur Acetylen, Dortmund
Untersuchungen über den Umsatz bei der explosiblen Zersetzung von Azetylen
a) Zersetzung von gasformigem Azetylen
b) Zersetzung von an Silikagel absorbiertem Azetylen
1954, 48 Seiten, 8 Abb., 10 Tabellen, DM 9,25

HEFT 53
Professor Dr.-Ing. H. Opitz, Aachen
Reibwert und Verschleißmessungen an Kunststoffgleitführungen für Werkzeugmaschinen
1954, 38 Seiten, 18 Abb., DM 8,20

HEFT 54
Professor Dr.-Ing. F. A. F. Schmidt, Aachen
Schaffung von Grundlagen für die Erhohung der spez. Leistung und Herabsetzung des spez. Brennstoffverbrauches bei Ottomotoren mit Teilbericht über Arbeiten an einem neuen Einspritzverfahren
1954, 34 Seiten, 15 Abb., DM 7,40

HEFT 55
Forschungsgesellschaft Blechverarbeitung e. V., Dusseldorf
Chemisches Glänzen von Messing und Neusilber
1954, 50 Seiten, 21 Abb., 1 Tabelle, DM 10,20

HEFT 56
Forschungsgesellschaft Blechverarbeitung e. V., Düsseldorf
Untersuchungen über einige Probleme der Behandlung von Blechoberflächen
1954, 52 Seiten, 42 Abb., DM 11,20

HEFT 57
Prof. Dr.-Ing. F. A. F. Schmidt, Aachen
Untersuchungen zur Erforschung des Einflusses des chemischen Aufbaues des Kraftstoffes auf sein Verhalten im Motor und in Brennkammern von Gasturbinen
1954, 70 Seiten, 32 Abb., DM 14,60

HEFT 58
Gesellschaft fur Kohlentechnik mbH., Dortmund
Herstellung und Untersuchung von Steinkohlenschwelteer
1954, 74 Seiten, 9 Abb., 9 Tabellen, DM 13,75

HEFT 59
Forschungsinstitut der Feuerfest-Industrie e. V., Bonn
Ein Schnellanalysenverfahren zur Bestimmung von Aluminiumoxyd, Eisenoxyd und Titanoxyd in feuerfestem Material mittels organischer Farbreagenzien auf photometrischem Wege
Untersuchungen des Alkali-Gehaltes feuerfester Stoffe mit dem Flammenphotometer nach Riehm-Lange
1954, 62 Seiten, 12 Abb., 3 Tabellen, DM 11,60

HEFT 60
Forschungsgesellschaft Blechverarbeitung e. V., Düsseldorf
Untersuchungen über das Spritzlackieren im elektrostatischen Hochspannungsfeld
1954, 82 Seiten, 53 Abb., 7 Tabellen, DM 17,—

HEFT 61
Verein zur Förderung von Forschungs- und Entwicklungsarbeiten in der Werkzeugindustrie e. V., Remscheid
Schwingungs- und Arbeitsverhalten von Kreissägeblättern für Holz
1954, 54 Seiten, 31 Abb., DM 11,40

HEFT 62
Professor Dr. W. Franz, Institut für theoretische Physik der Universitat Münster
Berechnung des elektrischen Durchschlags durch feste und flussige Isolatoren
1954, 36 Seiten, DM 7,—

HEFT 63
Textilforschungsanstalt Krefeld
Neue Methoden zur Untersuchung der Wirkungsweise von Textilhilfsmitteln
Untersuchungen über Schlichtungs- und Entschlichtungsvorgänge
1954, 34 Seiten, 1 Abb., 5 Tabellen, DM 6,80

HEFT 64
Textilforschungsanstalt Krefeld
Die Kettenlangenverteilung von hochpolymeren Faserstoffen
Über die fraktionierte Fällung von Polyamiden
1954, 44 Seiten, 13 Abb., DM 8,60

HEFT 65
Fachverband Schneidwarenindustrie, Solingen
Untersuchungen über das elektrolytische Polieren von Tafelmesserklingen aus rostfreiem Stahl
1954, 90 Seiten, 38 Abb., 9 Tabellen, DM 17,35

HEFT 66
Dr.-Ing. P. Fusgen VDI †, Düsseldorf
Untersuchungen über das Auftreten des Ratterns bei selbsthemmenden Schneckengetrieben und seine Verhütung
1954, 32 Seiten, 5 Abb., DM 6,60

HEFT 67
Heinrich Wösthoff o. H. G., Apparatebau, Bochum
Entwicklung einer chemisch-physikalischen Apparatur zur Bestimmung kleinster Kohlenoxyd-Konzentrationen
1954, 94 Seiten, 48 Abb., 2 Tabellen, DM 18,25

HEFT 68
Kohlenstoffbiologische Forschungsstation e. V., Essen
Algengroßkulturen im Sommer 1952
II. Über die unsterile Großkultur von Scenedesmus obliquus
1954, 62 Seiten, 3 Abb., 29 Tabellen, DM 11,40

HEFT 69
Wäschereiforschung Krefeld
Bestimmung des Faserabbaues bei Leinen unter besonderer Berücksichtigung der Leinengarnbleiche
1954, 48 Seiten, 15 Abb., 3 Tabellen, DM 9,60

HEFT 70
Wäschereiforschung Krefeld
Trocknen von Wäschestoffen
1954, 52 Seiten, 18 Abb., 3 Tabellen, DM 10,—

HEFT 71
Prof. Dr.-Ing. K. Leist, Aachen
Kleingasturbinen, insbesondere zum Fahrzeugantrieb
1954, 114 Seiten, 85 Abb., DM 22,—

HEFT 72
Prof. Dr.-Ing. K. Leist, Aachen
Beitrag zur Untersuchung von stehenden geraden Turbinengittern mit Hilfe von Druckverteilungsmessungen
1954, 152 Seiten, 111 Abb., DM 36,20

HEFT 73
Prof. Dr.-Ing. K. Leist, Aachen
Spannungsoptische Untersuchungen von Turbinenschaufelfußen
1954, 66 Seiten, 46 Abb., 2 Tabellen, DM 14,60

HEFT 74
Max-Planck-Institut für Eisenforschung, Düsseldorf
Versuche zur Klärung des Umwandlungsverhaltens eines sonderkarbidbildenden Chromstahls
1954, 58 Seiten, 10 Abb., DM 14,—

HEFT 75
Max-Planck-Institut für Eisenforschung, Dusseldorf
Zeit-Temperatur-Umwandlungs-Schaubilder als Grundlage der Warmebehandlung der Stahle
1954, 44 Seiten, 13 Abb., DM 8,70

HEFT 76
Max-Planck-Institut für Arbeitsphysiologie, Dortmund
Arbeitstechnische und arbeitsphysiologische Rationalisierung von Mauersteinen
1954, 52 Seiten, 12 Abb., 3 Tabellen, DM 10,20

HEFT 77
Meteor Apparatebau Paul Schmeck GmbH., Siegen
Entwicklung von Leuchtstoffrohren hoher Leistung
1954, 46 Seiten, 12 Abb., 2 Tabellen, DM 9,15

HEFT 78
Forschungsstelle für Acetylen, Dortmund
Über die Zustandsgleichung des gasformigen Acetylens und das Gleichgewicht Acetylen — Aceton
1954, 42 Seiten, 3 Abb., 8 Tabellen, DM 8,—

HEFT 79
Techn.-Wissenschaftl. Buro für die Bastfaserindustrie, Bielefeld
Trocknung von Leinengarnen III
Spinnspulen- und Spinnkopstrocknung
Vorgang und Einwirkung auf die Garnqualität
1954, 74 Seiten, 18 Abb., 10 Tabellen, DM 14,—

WESTDEUTSCHER VERLAG · KÖLN UND OPLADEN

HEFT 80
Techn.-Wissenschaftl. Büro für die Bastfaserindustrie, Bielefeld
Die Verarbeitung von Leinengarn auf Webstühlen mit und ohne Oberbau
1954, 30 Seiten, 2 Abb., 2 Tabellen, DM 6,—

HEFT 81
Prüf- und Forschungsinstitut für Ziegeleierzeugnisse, Essen-Kray
Die Einführung des großformatigen Einheits-Gitterziegels im Lande Nordrhein-Westfalen
1954, 54 Seiten, 2 Abb., 2 Tabellen, DM 10,—

HEFT 82
Vereinigte Aluminium-Werke AG., Bonn
Forschungsarbeiten auf dem Gebiet der Veredelung von Aluminium-Oberflächen
1954, 46 Seiten, 34 Abb., DM 9,60

HEFT 83
Prof. Dr. S. Strugger, Münster
Über die Struktur der Proplastiden
1954, 30 Seiten, 15 Abb., DM 8,40

HEFT 84
Dr. H. Baron, Dusseldorf
Über Standardisierung von Wundtextilien
1954, 32 Seiten, DM 6,40

HEFT 85
Textilforschungsanstalt Krefeld
Physikalische Untersuchungen an Fasern, Fäden, Garnen und Geweben:
Untersuchungen am Knickscheuergerät nach Weltzien
1954, 40 Seiten, 11 Abb., 8 Tabellen, DM 10,—

HEFT 86
Prof. Dr.-Ing. H. Opitz, Aachen
Untersuchungen über das Fräsen von Baustahl sowie uber den Einfluß des Gefuges auf die Zerspanbarkeit
1954, 108 Seiten, 73 Abb., 7 Tabellen, DM 22,—

HEFT 87
Gemeinschaftsausschuß Verzinken, Düsseldorf
Untersuchungen über Güte von Verzinkungen
1954, 68 Seiten, 56 Abb., 3 Tabellen, DM 15,30

HEFT 88
Gesellschaft für Kohlentechnik mbH., Dortmund-Eving
Oxydation von Steinkohle mit Salpetersäure
1954, 62 Seiten, 2 Abb., 1 Tabelle, DM 11,50

HEFT 89
Verein Deutscher Ingenieure, Gleitlagerforschung, Düsseldorf und Prof. Dr.-Ing. G. Vogelpohl, Göttingen
Versuche mit Preßstoff-Lagern fur Walzwerke
1954, 70 Seiten, 34 Abb., DM 14,10

HEFT 90
Forschungs-Institut der Feuerfest-Industrie, Bonn
Das Verhalten von Silikasteinen im Siemens-Martin-Ofengewölbe
1954, 62 Seiten, 15 Abb., 11 Tabellen, DM 11,90

HEFT 91
Forschungs-Institut der Feuerfest-Industrie, Bonn
Untersuchungen des Zusammenhangs zwischen Leistung und Kohlenverbrauch von Kammeröfen zum Brennen von feuerfesten Materialien
1954, 42 Seiten, 6 Abb., DM 8,30

HEFT 92
Techn.-Wissenschaftl. Büro für die Bastfaserindustrie, Bielefeld und Laboratorium für textile Meßtechnik, M.-Gladbach
Messungen von Vorgängen am Webstuhl
1954, 76 Seiten, 45 Abb., DM 15,50

HEFT 93
Prof. Dr. W. Kast, Krefeld
Spinnversuche zur Strukturerfassung künstlicher Zellulosefasern
1954, 82 Seiten, 39 Abb., 6 Tabellen, DM 16,—

HEFT 94
Prof. Dr. G. Winter, Bonn
Die Heilpflanzen des MATTHIOLUS (1611) gegen Infektionen der Harnwege und Verunreinigung der Wunden bzw. zur Förderung der Wundheilung im Lichte der Antibiotikaforschung
1954, 58 Seiten, 1 Abb., 2 Tabellen, DM 11,50

HEFT 95
Prof. Dr. G. Winter, Bonn
Untersuchungen über die flüchtigen Antibiotika aus der Kapuziner- (Tropaeolum maius) und Gartenkresse (Lepidium sativum) und ihr Verhalten im menschlichen Korper bei Aufnahme von Kapuziner- bzw. Gartenkressensalat per os
1955, 74 Seiten, 9 Abb., 25 Tabellen, DM 14,—

HEFT 96
Dr.-Ing. P. Koch, Dortmund
Austritt von Exoelektronen aus Metalloberflachen unter Berücksichtigung der Verwendung des Effektes für die Materialprüfung
1954, 34 Seiten, 13 Abb., DM 7,—

HEFT 97
Ing. H. Stein, Laboratorium für textile Meßtechnik, M.-Gladbach
Untersuchung der Verzugsvorgänge an den Streckwerken verschiedener Spinnereimaschinen
2. Bericht: Ermittlung der Haft-Gleiteigenschaften von Faserbändern und Vorgarnen
1955, 98 Seiten, 54 Abb., DM 21,—

HEFT 98
Fachverband Gesenkschmieden, Hagen
Die Arbeitsgenauigkeit beim Gesenkschmieden unter Hammern
1955, 132 Seiten, 55 Abb., 9 Tabellen, DM 24,75

HEFT 99
Prof. Dr.-Ing. G. Garbotz, Aachen
Der Kraft- und Arbeitsaufwand sowie die Leistungen beim Biegen von Bewehrungsstählen in Abhangigkeit von den Abmessungen, den Formen und der Güte der Stähle (Ermittlung von Leistungsrichtlinien)
1955, 136 Seiten, 53 Abb., 3 Anlagen, 18 Tabellen, DM 30,—

HEFT 100
Prof. Dr.-Ing. H. Opitz, Aachen
Untersuchungen von elektrischen Antrieben, Steuerungen und Regelungen an Werkzeugmaschinen
1955, 166 Seiten, 71 Abb., 3 Tabellen, DM 31,30

HEFT 101
Prof. Dr.-Ing. H. Opitz, Aachen
Wirtschaftlichkeitsbetrachtungen beim Außenrundschleifen
1955, 100 Seiten, 56 Abb., 3 Tabellen, DM 19,30

HEFT 102
Dr. P. Hölemann, Ing. R. Hasselmann und Ing. G. Dix, Dortmund
Untersuchungen über die thermische Zündung von explosiblen Acetylenzersetzungen in Kapillaren
1954, 44 Seiten, 5 Abb., 4 Tabellen, DM 8,60

HEFT 103
Prof. Dr. W. Weizel, Bonn
Durchführung von experimentellen Untersuchungen über den zeitlichen Ablauf von Funken in komprimierten Edelgasen sowie zu deren mathematischen Berechnung
1955, 46 Seiten, 12 Abb., DM 9,10

HEFT 104
Prof. Dr. W. Weizel, Bonn
Über den Einfluß der Elektroden auf die Eigenschaften von Cadmium-Sulfid-Widerstands-Photozellen
1955, 48 Seiten, 12 Abb., DM 9,45

HEFT 105
Dr.-Ing. R. Meldau, Harsewinkel/Westf.
Auswertung von Gekörn — Analysen des Musterstaubes „Flugasche Fortuna I“
1955, 42 Seiten, 14 Abb., DM 8,50

HEFT 106
ORR. Dr.-Ing. W. Küch, Dortmund
Untersuchungen über die Einwirkung von feuchtigkeitsgesättigter Luft auf die Festigkeit von Leimverbindungen
1954, 60 Seiten, 10 Abb., 6 Tabellen, DM 11,40

HEFT 107
Prof. Dr. H. Lange und Dipl.-Phys. P. St. Pütter, Köln
Über die Konstruktion von Laboratoriumsmagneten
1955, 66 Seiten, 19 Abb., 1 Tabelle, DM 12,30

HEFT 108
Prof. Dr. W. Fuchs, Aachen
Untersuchungen über neue Beizmethoden und Beizabwässer
I. Die Entzunderung von Drähten mit Natriumhydrid
II. Die Aufbereitung von Beizabwässern
1955, 82 S., 15 Abb., 14 Tabellen, 1 Falttafel, DM 15,25

HEFT 109
Dr. P. Hölemann und Ing. R. Hasselmann, Dortmund
Untersuchungen über die Löslichkeit von Azetylen in verschiedenen organischen Lösungsmitteln
1954, 42 Seiten, 10 Abb., 8 Tabellen, DM 8,30

HEFT 110
Dr. P. Hölemann und Ing. R. Hasselmann, Dortmund
Untersuchungen über den Druckverlauf bei der explosiblen Zersetzung von gasförmigem Azetylen
1955, 54 Seiten, 10 Abb., 5 Tabellen, DM 11,—

HEFT 111
Fachverband Steinzeugindustrie, Köln
Die Entwicklung eines Gerätes zur Beschickung seitlicher Feuer von Steinzeug-Einzelkammeröfen mit festen Brennstoffen
1955, 46 Seiten, 16 Abb., DM 9,40

HEFT 112
Prof. Dr.-Ing. H. Opitz, Aachen
Verschleißmessungen beim Drehen mit aktivierten Hartmetallwerkzeugen
1954, 44 Seiten, 17 Abb., 6 Tabellen, DM 8,80

HEFT 113
Prof. Dr. O. Graf, Dortmund
Erforschung der geistigen Ermüdung und nervösen Belastung: Studien über die vegetative 24-Stunden-Rhythmik in Ruhe und unter Belastung
1955, 40 Seiten, 12 Abb., DM 8,20

HEFT 114
Prof. Dr. O. Graf, Dortmund
Studien über Fließarbeitsprobleme an einer praxisnahen Experimentieranlage
1954, 34 Seiten, 6 Abb., DM 7,—

HEFT 115
Prof. Dr. O. Graf, Dortmund
Studium uber Arbeitspausen in Betrieben bei freier und zeitgebundener Arbeit (Fließarbeit) und ihre Auswirkung auf die Leistungsfähigkeit
1955, 50 Seiten, 13 Abb., 2 Tabellen, DM 9,80

HEFT 116
Prof. Dr.-Ing. E. Siebel und Dr.-Ing. H. Weiss, Stuttgart
Untersuchungen an einigen Problemen des Tiefziehens — I. Teil
1955, 74 Seiten, 50 Abb., 5 Tabellen, DM 14,50

HEFT 117
Dr.-Ing. H. Beißwänger, Stuttgart, und Dr.-Ing. S. Schwandt, Trier
Untersuchungen an einigen Problemen des Tiefziehens — II. Teil
1955, 92 Seiten, 34 Abb., 8 Tabellen, DM 17,70

HEFT 118
Prof. Dr. E. A. Müller und Dr. H. G. Wenzel, Dortmund
Neuartige Klima-Anlage zur Erzeugung ungleicher Luft- und Strahlungstemperaturen in einem Versuchsraum
1955, 68 Seiten, 10 z. T. mehrfarb. Abb., DM 14,—

HEFT 119
Dr.-Ing. O. Viertel, Krefeld
Wäscherei- und energietechnische Untersuchung einer Gemeinschafts-Waschanlage
1955, 50 Seiten, 18 Abb., DM 10,20

HEFT 120
Dipl.-Ing. A. Weisbecker, Lüdenscheid
Über Anfressung an Reinstaluminium-Schweißnähten bei der elektrolytischen Oxydation
Gebr. Hörstermann GmbH., Velbert
Entwicklung und Erprobung eines neuartigen Gummibandförderers
1955, 46 Seiten, 18 Abb., DM 9,70

HEFT 121
Dr. H. Krebs, Bonn
I. Die Struktur und die Eigenschaften der Halbmetalle
II. Die Bestimmung der Atomverteilung in amorphen Substanzen
III. Die chemische Bindung in anorganischen Festkörpern und das Entstehen metallischer Eigenschaften
1955, 124 Seiten, 36 Abb., 13 Tabellen, DM 22,90

HEFT 122
Prof. Dr. W. Fuchs, Aachen
Untersuchungen zur Verbesserung der Wasseraufbereitung und Wasseranalyse:
Über die Schnellbewertung von Ionenaustauscher
1955, 62 Seiten, 32 Abb., DM 12,30

HEFT 123
Dipl.-Ing. J. Emondts, Aachen
Über Bodenverformungen bei stark gestortem und mächtigem, wasserführendem Deckgebirge im Aachener Steinkohlengebiet
1955, 196 Seiten, 37 Abb., 10 Tabellen, DM 28,80

HEFT 124
Prof. Dr. R. Seyffert, Köln
Wege und Kosten der Distribution der Hausratwaren im Lande Nordrhein-Westfalen
1955, 74 Seiten, 25 Tabellen, DM 9,—

HEFT 125
Prof. Dr. E. Kappler, Münster
Eine neue Methode zur Bestimmung von Kondensations-Koeffizienten von Wasser
1955, 46 Seiten, 11 Abb., 1 Tabelle, DM 9,10

HEFT 126
Prof. Dr.-Ing. J. Mathieu, Aachen
Arbeitszeitvergleich
Grundlagen, Methodik und praktische Durchführung
1955, 70 Seiten, DM 13,—

HEFT 127
Güteschutz Betonstein e. V., Arbeitskreis Nordrhein-Westfalen, Dortmund
Die Betonwaren-Gutesicherung im Lande Nordrhein-Westfalen
1955, 58 Seiten, 15 Abb., 3 Tabellen, DM 11,50

HEFT 128
Prof. Dr. O. Schmitz-DuMont, Bonn
Untersuchungen uber Reaktionen in flüssigem Ammoniak
1955, 96 Seiten, 11 Abb., 6 Tabellen, DM 17,75

HEFT 129
Prof. Dr.-Ing. J. Mathieu und Dr. C. A. Roos, Aachen
Die Anlernung von Industriearbeitern
I. Ergebnisse einer grundsätzlichen Untersuchung der gegenwärtigen Industriearbeiter-Kurzanlernung
1955, 106 Seiten, DM 19,70

HEFT 130
Prof. Dr.-Ing. J. Mathieu und Dr. C. A. Roos, Aachen
Die Anlernung von Industriearbeitern
II. Beiträge zur Methodenfrage der Kurzanlernung
1955, 108 Seiten, DM 19,90

HEFT 131
Dr. W. Hoerburger, Köln
Versuche zur Biosynthese von Eiweiß aus Kohlenwasserstoff
1955, 34 Seiten, 2 Abb., DM 6,90

HEFT 132
Prof. Dr. W. Seith, Münster
Über Diffusionserscheinungen in festen Metallen
1955, 42 Seiten, 19 Abb., 4 Tabellen, DM 9,10

HEFT 133
Prof. Dr. E. Jenckel, Aachen
Über einen für Schwermetalle selektiven Ionenaustauscher
1955, 48 Seiten, 8 Abb., 13 Tabellen, DM 9,50

HEFT 134
Prof. Dr.-Ing. H. Winterhager, Aachen
Über die elektrochemischen Grundlagen der Schmelzfluß-Elektrolyse von Bleisulfid in geschmolzenen Mischungen mit Bleichlorid
1955, 54 Seiten, 20 Abb., 5 Tabellen, DM 11,80

HEFT 135
Prof. Dr.-Ing. K. Krekeler und Dr.-Ing. H. Peukert, Aachen
Die Änderung der mechanischen Eigenschaften thermoplastischer Kunststoffe durch Warmrecken
1955, 54 Seiten, 27 Abb., DM 11,10

HEFT 136
Dipl.-Phys. P. Pilz, Remscheid
Über spezielle Probleme der Zerkleinerungstechnik von Weichstoffen
1955, 58 Seiten, 19 Abb., 2 Tabellen, DM 11,50

HEFT 137
Prof. Dr. W. Baumeister, Münster
Beiträge zur Mineralstoffernährung der Pflanzen
1955, 64 Seiten, 6 Tabellen, DM 11,80

HEFT 138
Dr. P. Hölemann und Ing. R. Hasselmann, Dortmund
Untersuchungen über die Zersetzungswärme von gasförmigem und in Azeton gelöstem Azetylen
1955, 54 Seiten, 8 Abb., 7 Tabellen, DM 10,40

HEFT 139
Prof. Dr. W. Fuchs, Aachen
Studien uber die thermische Zersetzung der Kohle und die Kohlendestillatprodukte
1955, 64 Seiten, 20 Abb., 22 Tabellen, DM 11,80

HEFT 140
Dr.-Ing. G. Hausberg, Essen
Modellversuche an Zyklonen
1955, 78 Seiten, 24 Abb., DM 15,70

HEFT 141
Dr. J. van Calker und Dr. R. Wienecke, Münster
Untersuchungen über den Einfluß dritter Analysenpartner auf die spektrochemische Analyse
1955, 42 Seiten, 15 Abb., DM 9,10

HEFT 142
Dipl.-Ing. G. M. F. Wiebel, Hannover, A. Konermann und A. Ottenheym, Sennelager
Entwicklung eines Kalksandleichtsteines
1955, 38 Seiten, 4 Abb., DM 8,—

HEFT 143
Prof. Dr. F. Wever, Dr. A. Rose und Dipl.-Ing. W. Straßburg, Düsseldorf
Härtbarkeit und Umwandlungsverhalten der Stähle
1955, 50 Seiten, 12 Abb., 3 Tabellen, DM 10,70

HEFT 144
Prof. Dr. H. Wurmbach, Bonn
Steuerung von Wachstum und Formbildung
1955, 48 Seiten, 19 Abb., DM 10,30

HEFT 145
Dr. G. Hennemann, Werdohl (Westf.)
Beitrag zur Interpretation der modernen Atomphysik
1955, 34 Seiten, DM 10,—

HEFT 146
Dr.-Ing. F. Gruß, Düsseldorf
Sterilisation mit Heißluft
1955, 34 Seiten, 10 Abb., DM 7,70

HEFT 147
Dr.-Ing. W. Rudisch, Unna
Untersuchung einer drehelastischen Elektromagnet-Synchronkupplung
1955, 82 Seiten, 65 Abb., DM 17,70

HEFT 148
Prof. Dr. H. Bittel u. Dipl.-Phys. L. Storm, Münster
Untersuchungen über Widerstandsrauschen
1955, 40 Seiten, 5 Abb., DM 8,40

HEFT 149
Dipl.-Ing. K. Konopicky und Dipl.-Chem. P. Kampa, Bonn
I. Beitrag zur flammenphotometrischen Bestimmung des Calciums.
Dr.-Ing. K. Konopicky, Bonn
II. Die Wanderung von Schlackenbestandteilen in feuerfesten Baustoffen
1955, 54 Seiten, 10 Abb., 5 Tabellen, DM 11,—

HEFT 150
Prof. Dr.-Ing. O. Kienzle und Dipl.-Ing. W. Timmerbeil, Hannover
Das Durchziehen enger Kragen an ebenen Fein- und Mittelblechen
1955, 52 Seiten, 20 Abb., 8 Tabellen, DM 11,30

HEFT 151
Dipl.-Ing. P. Karabasch, Aachen
Feststellung des optimalen Gasgehaltes von Bronzen zur Erzielung druckdichter Gußstücke
1956, 64 Seiten, 31 Abb., 5 Tabellen, DM 13,90

HEFT 152
Dipl.-Ing. G. Müller, Köln
Ermittlung der Laufeigenschaften (Vergießbarkeit) von Bronze und Rotguß mittels der Schneider-Gießspirale
1955, 60 Seiten, 33 Abb., DM 13,30

HEFT 153
Prof. Dr. F. Wever, Dr.-Ing. W. A. Fischer und Dipl.-Ing. J. Engelbrecht, Düsseldorf
I. Die Reduktion sauerstoffhaltiger Eisenschmelzen im Hochvakuum mit Wasserstoff und Kohlenstoff
II. Einfluß geringer Sauerstoffgehalte auf das Gefüge und Alterungsverhalten von Reineisen
1955, 54 Seiten, 15 Abb., 2 Tabellen, DM 12,40

HEFT 154
Prof. Dr.-Ing. P. Bardenheuer und Dr.-Ing. W. A. Fischer, Düsseldorf
Die Verschlackung von Titan aus Stahlschmelzen im sauren und basischen Hochfrequenzofen unter verschiedenen Schlacken
1955, 36 Seiten, 10 Abb., 1 Tabelle, DM 7,95

HEFT 155
Dipl.-Phys. K. H. Schirmer, München
Die auf Grau abgestimmte Farbwiedergabe im Dreifarbenbuchdruck
1955, 46 Seiten, 17 Abb., 2 Farbtafeln, DM 10,—

HEFT 156
Prof. Dr.-Ing. B. von Borries und Mitarbeiter, Düsseldorf
Die Entwicklung regelbarer permanentmagnetischer Elektronenlinsen hoher Brechkraft und eines mit ihnen ausgerüsteten Elektronenmikroskopes neuer Bauart
1956, 102 Seiten, 52 Abb., DM 22,55

HEFT 157
Dr. W. Jawtusch, Dr. G. Schuster und Prof. Dr.-Ing. R. Jaeckel, Bonn
Untersuchungen über die Stoßvorgänge zwischen neutralen Atomen und Molekülen
1955, 48 Seiten, 15 Abb., 3 Tabellen, DM 10,50

HEFT 158
Dipl.-Ing. W. Rosenkranz, Meinerzhagen
Ein Beitrag zum Problem der Spannungskorrosion bei Preßprofilen und Preßteilen aus Aluminium-Legierungen
1956, 112 Seiten, 61 Abb., 5 Tabellen, DM 27,40

HEFT 159
Dr.-Ing. O. Viertel und O. Oldenroth, Krefeld
Das Bleichen von Weißwäsche mit Wasserstoffsuperoxyd bzw. Natriumhypochlorit beim maschinellen Waschen
1955, 54 Seiten, 23 Abb., 2 Tabellen, DM 11,45

HEFT 160
Prof. Dr. W. Klemm, Münster
Über neue Sauerstoff- und Fluor-haltige Komplexe
1955, 50 Seiten, 13 Abb., 7 Tabellen, DM 10,80

HEFT 161
Prof. Dr. W. Weltzien und Dr. G. Hauschild, Krefeld
Über Silikone und ihre Anwendung in der Textilveredlung
1955, 162 Seiten, 22 Abb., 10 Tabellen, DM 27,—

HEFT 162
Prof. Dr. F. Wever, Prof. Dr. A. Kochendörfer und Dr.-Ing. Chr. Rohrbach, Düsseldorf
Kennzeichnung der Sprödbruchneigung von Stählen durch Messung der Fließspannung, Reißspannung und Brucheinschnürung an dreiachsig beanspruchten Proben *1955, 58 Seiten, 26 Abb., DM 13,—*

HEFT 163
Dipl.-Ing. W. Rohs und Text.-Ing. H. Griese, Bielefeld
Untersuchungsarbeiten zur Verbesserung des Leinenwebstuhls III
1955, 80 Seiten, 15 Abb., 18 Tabellen, DM 15,80

HEFT 164
Dr.-Ing. H. Schmachtenberg, Köln
Neuartige Prüfeinrichtungen für Kraftfahrzeuge
1955, 44 Seiten, 23 Abb., DM 9,60

HEFT 165
Dr.-Ing. W. Wilhelm, Aachen
Instationäre Gasströmung im Auspuffsystem eines Zweitaktmotors
1955, 62 Seiten, 31 Abb., 8 Tabellen, DM 13,60

HEFT 166
Prof. Dr. M. v. Stackelberg, Dr. H. Heindze, Dr. H. Hübschke und Dr. K. H. Frangen, Bonn
Kolloidchemische Untersuchungen
1955, 106 Seiten, 8 Abb., 13 Tabellen, DM 21,25

HEFT 167
Prof. Dr.-Ing. F. Schuster, Essen
I. Über die Heißkarburierung von Brenngasen mit Ölen und Teeren
II. Die Strahlungsvorgänge in brennstoffbeheizten Öfen bei verschiedenen Verbrennungsatmosphären
1955, 38 Seiten, 8 Abb., DM 8,30

HEFT 168
Prof. Dr.-Ing. F. Schuster, Essen
I. Luftvorwärmung an Gasfeuerungen
II. Heizwerthöhe von Brenngasen und Wirkungsgrad sowie Gasverbrauch bei der Gasverwendung
III. Sauerstoffangereicherte Luft und feuerungstechnische Kenngrößen von Brenngasen
1955, 60 Seiten, 18 Abb., DM 12,50

HEFT 169
Forschungsinstitut für Pigmente und Lacke, Stuttgart
Arbeiten über die Bestimmung des Gebrauchswertes von Lackfilmen durch physikalische Prüfungen
1955, 70 Seiten, 23 Abb., 4 Tabellen, DM 15,—

HEFT 170
Prof. Dr. F. Wever, Dr. A. Rose und Dipl.-Ing L. Rademacher, Düsseldorf
Anwendung der Umwandlungsschaubilder auf Fragen der Werkstoffauswahl beim Schweißen und Flammhärten *1955, 64 Seiten, 25 Abb., DM 13,70*

WESTDEUTSCHER VERLAG · KÖLN UND OPLADEN

HEFT 171
Wäschereiforschung Krefeld
Untersuchung der Wäscheentwässerung mit Hilfe von Zentrifugen und Pressen
1955, 42 Seiten, 16 Abb., 4 Tabellen, DM 9,70

HEFT 172
Dipl.-Ing. W. Rohs, Dr.-Ing. G. Satlow und Text.-Ing. G. Heller, Bielefeld
Trocknung von Hanfgarnen. Kreuzspultrocknung
1955, 60 Seiten, 7 Abb., 4 Tabellen, DM 10,30

HEFT 173
Prof. Dr. R. Hosemann und Dipl.-Phys. G. Schoknecht, Berlin, vorgelegt von Prof. Dr. W. Kast, Krefeld
Lichtoptische Herstellung und Diskussion der Faltungsquadrate parakristalliner Gitter
1956, 108 Seiten, 63 Abb., 6 Tabellen, DM 24,70

HEFT 174
Prof. Dr. W. von Fragstein, Dr. J. Meingast und H. Hoch, Köln
Herstellung von Solen einheitlicher Teilchengröße und Ermittlung ihrer optischen Eigenschaften
1955, 78 Seiten, 80 Abb., 4 Tabellen, DM 18,25

HEFT 175
Dr.-Ing. H. Zeller, Aachen
Beitrag zur eindimensionalen stationären und nichtstationären Gasströmung mit Reibung und Wärmeleitung, insbesondere in Rohren mit unstetigen Querschnittsänderungen.
1956, 138 Seiten, 56 Abb., DM 29,30

HEFT 176
Dipl.-Ing. H. Schöberl, Duisburg
Über die Methoden zur Ermittlung der Verbrennungstemperatur von Brennstoffen und ein Vorschlag zu ihrer Verbesserung
1955, 30 Seiten, 3 Abb., DM 6,50

HEFT 177
Dipl.-Ing. H. Stüdemann, Solingen, und Dr.-Ing. W. Müchler, Essen
Entwicklung eines Verfahrens zur zahlenmäßigen Bestimmung der Schneideigenschaften von Messerklingen
1956, 104 Seiten, 68 Abb., 4 Tabellen, DM 22,20

HEFT 178
Prof. Dr. M. von Stackelberg u. Dr. W. Hans, Bonn
Untersuchungen zur Ausarbeitung und Verbesserung von polarographischen Analysenmethoden
1955, 46 Seiten, 14 Abb., DM 10,50

HEFT 179
Dipl.-Ing. H. F. Reineke, Bochum
Entwicklungsarbeiten auf dem Gebiete der Meß- und Regeltechnik
1955, 46 Seiten, 10 Abb., DM 10,—

HEFT 180
Dr.-Ing. W. Piepenburg, Dipl.-Ing. B. Bühling und Bauing. J. Behnke, Köln
Putzarbeiten im Hochbau und Versuche mit aktiviertem Mörtel und mechanischem Mörtelauftrag
1955, 116 Seiten, 31 Abb., 68 Tabellen, DM 23,—

HEFT 181
Prof. Dr. W. Franz, Münster
Theorie der elektrischen Leitvorgänge in Halbleitern und isolierenden Festkörpern bei hohen elektrischen Feldern
1955, 28 Seiten, 2 Abb., 1 Tabelle, DM 6,20

HEFT 182
Dr.-Ing. P. Schenk u. Dr. K. Osterloh, Düsseldorf
Katalytisch-thermische Spaltung von gasförmigen und flüssigen Kohlenwasserstoffen zur Spitzengaserzeugung
1955, 50 Seiten, 11 Abb., 11 Tabellen, DM 10,90

HEFT 183
Dr. W. Bornheim, Köln
Entwicklungsarbeiten an Flaschen- und Ampullen-Behandlungsmaschinen für die pharmazeutische Industrie
1956, 48 Seiten, 24 Abb., DM 11,70

HEFT 184
Dr.-Ing. E. Printz, Kettwig
Vollhydraulische Parallel-Kupplung für Ackerschlepper
1955, 32 Seiten, 4 Abb., DM 7,80

HEFT 185
Dipl.-Ing. W. Rohs und Text.-Ing. G. Heller, Bielefeld
Studien an einem neuzeitlichen Kreuzspultrockner für Bastfasergarne mit Wiederbefeuchtungszone
1955, 52 Seiten, 9 Abb., 3 Tabellen, DM 10,70

HEFT 186
Dr. E. Wedekind, Krefeld
Untersuchungen zur Arbeitsbestgestaltung bei der Fertigstellung von Oberhemden in gewerblichen Wäschereien *1955, 124 Seiten, 28 Abb., 6 Tabellen, 2 Falttaf., DM 12,—*

HEFT 187
Dipl.-Ing. F. Göttgens, Essen
Über die Eigenarten der Bimetall-, Thermo- und Flammenionisationssicherungsmethode in ihrer Anwendung auf Zündsicherungen
1955, 40 Seiten, 6 Abb., 4 Tabellen, DM 8,40

HEFT 188
W. Kinnebrock, Langenberg (Rhld.)
Der Einfluß des Austausches gleicher Gaskochbrenner bzw. Gaskochbrennerteile auf den Wirkungsgrad und insbesondere auf den CO-Gehalt der Verbrennungsgase
1955, 42 Seiten, 7 Tabellen, DM 8,70

HEFT 189
Fa. E. Leybold's Nachfolger, Köln
I. Ausgewählte Kapitel aus der Vakuumtechnik
II. Zum Verlust anorganisch-nichtflüchtiger Substanzen während der Gefriertrocknung
1955, 52 Seiten, 16 Abb., 3 Tabellen, DM 11,20

HEFT 190
Prof. Dr. A. Neuhaus, Prof. Dr. O. Schmitz-DuMont und Dipl.-Chem. H. Reckhard, Bonn
Zur Kenntnis der Alkalititanate
1955, 60 Seiten, 13 Abb., 1 Tabelle, DM 12,20

HEFT 191
Dr. H. Söhngen, Darmstadt
Schwingungsverhalten eines Schaufelkranzes im Vakuum *1955, 36 Seiten, 7 Abb., DM 7,80*

HEFT 192
Dipl.-Phys. E. M. Schneider, München
Kohlebogenlampen für Aufnahme und Kopie
1955, 48 Seiten, 21 Abb., 3 Tabellen, DM 10,60

HEFT 193
Prof. Dr. O. Schmitz-DuMont, Bonn
Untersuchungen über neue Pigmentfarbstoffe
1956, 50 Seiten, 16 Abb., 8 Tabellen, DM 11,20

HEFT 194
Dr. K. Hecht, Köln
Entwicklung neuartiger physikalischer Unterrichtsgeräte *1955, 42 Seiten, 16 Abb., DM 9,90*

HEFT 195
Dr.-Ing. E. Rößger, Köln
Gedanken über einen neuen deutschen Luftverkehr
1955, 342 Seiten, 29 Abb., 122 Tabellen, DM 50,—

HEFT 196
Dipl.-Ing. W. Rohs und Text.-Ing. H. Griese, Bielefeld
Auswirkungen von Garnfehlern bei der Verarbeitung von Leinengarnen
1955, 36 Seiten, 3 Abb., 6 Tabellen, DM 7,80

HEFT 197
Dr. E. Wedekind, Krefeld
Untersuchungen zur Bestimmung der optimalen Arbeitsplatzgröße bei Mehrstuhlarbeit in der Weberei
1955, 92 Seiten, 34 Abb., DM 18,50

HEFT 198
Prof. Dr. J. Weissinger, Karlsruhe
Zur Aerodynamik des Ringflügels. Die Druckverteilung dünner, fast drehsymmetrischer Flügel in Unterschallströmung *1955, 42 Seiten, 5 Abb., DM 9,—*

HEFT 199
Textilforschungsanstalt Krefeld
Die Messung von Gewebetemperaturen mittels Temperaturstrahlung
1955, 50 Seiten, 12 Abb., DM 10,90

HEFT 200
R. Seipenbusch, Langenberg (Rhld.)
Spitzengas durch Zusatz von Flüssiggas-Wassergas- und Flüssiggas-Generatorgas-Gemischen zu Stadtgas
1955, 48 Seiten, 21 Tabellen, DM 10,35

HEFT 201
Dr.-Ing. E. W. Pleines, Frankfurt/Main
Die Sicherheit im Luftverkehr
1956, 194 Seiten, 39 Abb., 19 Tabellen, DM 39,50

HEFT 202
Dipl.-Ing. D. Fiecke, Stuttgart/Zuffenhausen
Die Bestimmung der Flugzeugpolaren für Entwurfszwecke. I Teil: Unterlagen
1956, 216 Seiten, 171 Diagr., DM 59,70

HEFT 203
Dr. G. Wandel, Bonn
Uferbewachsung und Lebendverbauung an den Nordwestdeutschen Kanälen und ihren Zuflüssen sowie an der Ruhr *1956, 122 Seiten, 88 Abb., DM 25,70*

HEFT 204
Dipl.-Ing. B. Naendorf, Langenberg (Rhld.)
Bestimmung der Brenneigenschaften und des Brennverhaltens verschiedener Gasarten und Einfluß verschiedener Düsengestaltung
1955, 32 Seiten, DM 7,10

HEFT 205
Dr. C. Schaarwächter, Düsseldorf
Über plastische Kupfer-Eisen-Phosphor-Legierungen
1936, 36 Seiten, 10 Abb., 10 Tabellen, DM 8,30

HEFT 206
Dr. P. Hölemann, Ing. R. Hasselmann und Ing. G. Dix, Dortmund
Untersuchungen über die Vorgänge bei der Zersetzung von in Azeton gelöstem Azetylen
1956, 74 Seiten, 7 Abb., 7 Tabellen, DM 15,55

HEFT 207
Prof. Dr.-Ing. H. Opitz, Dipl.-Ing. K. H. Fröhlich und Dipl.-Ing. H. Siebel, Aachen
Richtwerte für das Fräsen von unlegierten und legierten Baustählen mit Hartmetall. I. Teil
1956, 48 Seiten, 27 Abb., 3 Tabellen, DM 11,10

HEFT 208
Prof. Dr.-Ing. H. Müller, Essen
Untersuchung von Elektrowärmegeräten für Laienbedienung hinsichtlich Sicherheit und Gebrauchsfähigkeit. I. Untersuchungen an Kochplatten
1956, 100 Seiten, 76 Abb., 7 Tabellen, DM 22,70

HEFT 209
Dr. K. Bunge, Leverkusen
Materialabbau in Funkenentladungen. Untersuchungen an Zinkkathoden
1956, 54 Seiten, 10 Abb., 5 Tabellen, DM 11,40

HEFT 210
Dr. W. Porschen und Prof. Dr. W. Riezler, Bonn
Langlebige Alphaaktivitäten bei natürlichen Elementen
1955, 40 Seiten, 5 Abb., 4 Tabellen, DM 8,80

HEFT 211
Prof. Dipl.-Ing. W. Sturtzel und Dr.-Ing. W. Graff, Duisburg
Die Versuchsanstalt für Binnenschiffbau, Duisburg
1956, 48 Seiten, 22 Abb., 11,—

HEFT 212
Dipl.-Ing. H. Spodig, Selm
Untersuchung zur Anwendung der Dauermagnete in der Technik *1955, 44 Seiten, 25 Abb., DM 9,80*

HEFT 213
Dipl.-Ing. K. F. Rittinghaus, Aachen
Zusammenstellung eines Meßwagens für Bau- und Raumakustik *in Vorbereitung*

HEFT 214
Dr.-Ing. J. Endres, München
Berechnung der optimalen Leistungen, Kraftstoffverbräuche und Wirkungsgrade von Einkreis-Turbolader-Strahltriebwerken am Boden und in der Höhe bei Fluggeschwindigkeiten von 0—2000 km/h
1956, 72 Seiten, 18 Abb., 8 Tabellen, DM 15,40

HEFT 215
Prof. Dr.-Ing. H. Opitz und Dr.-Ing. G. Weber, Aachen
Einfluß der Wärmebehandlung von Baustählen auf Spanentstehung, Schnittkraft- und Standzeitverhalten
1956, 80 Seiten, 30 Abb., 10 Tabellen, DM 18,40

HEFT 216
Dr. E. Kloth, Köln
Untersuchungen über die Ausbreitung kurzer Schallimpulse bei der Materialprüfung mit Ultraschall
1956, 90 Seiten, 60 Abb., 4 Tabellen, DM 19,40

HEFT 217
Rationalisierungskuratorium der Deutschen Wirtschaft (RKW), Frankfurt/Main
Typenvielzahl bei Haushaltgeräten und Möglichkeiten einer Beschränkung
1956, 328 Seiten, 2 Abb., 181 Tabellen, DM 49,50

HEFT 218
Dr. F. Keune, Aachen
Bericht über eine Theorie der Strömung um Rotationskörper ohne Anstellung bei Machzahl Eins
1955, 40 Seiten, 8 Abb., 5 Formelblätter, DM 8,80

WESTDEUTSCHER VERLAG · KÖLN UND OPLADEN

HEFT 219
Prof. Dr. W. Fuchs, Aachen
Untersuchungen zur Holzabfallverwertung und zur Chemie des Lignins
1955, 54 Seiten, 11 Abb., 15 Tabellen DM 11,40

HEFT 220
Prof. Dr. W. Fuchs, Aachen
Die Entwicklung neuer Regel- und Kontroll-Apparate zur coulometrischen Analyse
1956, 76 Seiten, 17 Abb. 23 Tabellen, DM 15,50

HEFT 221
Dr. W. Meyer-Eppler, Bonn
Experimentelle Untersuchungen zum Mechanismus von Stimme und Gehör in der lautsprachlichen Kommunikation *1955, 56 Seiten, 24 Abb., DM 13,45*

HEFT 222
Dr. L. Köllner, Münster, und Dipl.-Volkswirt M. Kaiser, Bochum
Die internationale Wettbewerbsfähigkeit der westdeutschen Wollindustrie *1956, 214 Seiten, DM 39,50*

HEFT 223
Dr.-Ing. K. Alberti und Dr. F. Schwarz, Köln
Über das Problem Hartbrand-Weichbrand
1956, 54 Seiten, 25 Abb., 14 Tabellen, DM 12,10

HEFT 224
Dipl.-Ing. H. Stüdeman und Ing. R. Beu, Solingen
Verfahren zur Prüfung der Korrosionsbeständigkeit von Messerklingen aus rostfreiem Stahl
1956, 82 Seiten, 28 Abb., DM 16,90

HEFT 225
Dr.-Ing. E. Barz, Remscheid
Der Spannungszustand von Gattersägeblättern
1956, 74 Seiten, 54 Abb., DM 16,50

HEFT 226
Technisch-wissenschaftliches Büro für die Bastfaserindustrie, Bielefeld
Untersuchungen zur Verbesserung des Leinenwebstuhles IV
Die Wirkung verschiedener Kettbaumbremsen auf die Verwebung von Leinengarnen
1956, 64 Seiten, 9 Abb., 4 Tabellen, DM 13,50

HEFT 227
Prof. Dr. F. Wever, Düsseldorf und Dr. W. Wepner, Köln
Untersuchung der Alterungsneigung von weichen unlegierten Stählen durch Härteprüfung bei Temperaturen bis 300 Grad C
1956, 34 Seiten, 20 Abb., 3 Tabellen, DM 7,95

HEFT 228
Prof. Dr. F. Wever, Dr. W. Koch, Düsseldorf, und Dr. B. A. Steinkopf, Dortmund
Spektrochemische Grundlagen der Analyse von Gemischen aus Kohlenmonoxyd, Wasserstoff und Stickstoff *1956, 42 Seiten, 18 Abb., 1 Tabelle, DM 9,90*

HEFT 229
Prof. Dr. F. Wever, Dr. W. Koch und Dr.-Ing. H. Malissa, Düsseldorf
Über die Anwendung disubstituierter Dithiocarbamate der analytischen Chemie
1956, 44 Seiten, 30 Abb., 5 Tabellen, DM 10,50

HEFT 230
Prof. Dr. F. Wever, Düsseldorf, und Dr. W. Wepner, Köln
Bestimmung kleiner Kohlenstoffgehalte im Alpha-Eisen durch Dämpfungsmessung
1956, 34 Seiten, 5 Abb., 2 Tabellen, DM 7,70

HEFT 231
Dr.-Ing. W. Küch, Dortmund
Über die Wechselwirkung zwischen Holzschutzbehandlung und Verleimung
1956, 48 Seiten, 10 Abb., 8 Tabellen, DM 10,40

HEFT 232
Prof. Dr.-Ing. O. Kienzle, Hannover, und Dr.-Ing. H. Münnich, Schweinfurt
Feststellung der Spannungen und Dehnungen und Bruchdrehzahlen der unter Fliehkraft und Bearbeitungskraft beanspruchten Schleifkörper
in Vorbereitung

HEFT 233
Dr. H. Haase, Hamburg
Infrarot-Bibliographie *1956, 90 Seiten, DM 17,80*

HEFT 234
Dr.-Ing. K. G. Speith und Dr.-Ing. A. Bungeroth, Duisburg
Versuche zur Steigerung des Kokillen-Schluckvermögens beim Stranggießen von Stahl
1956, 26 Seiten, 5 Abb., DM 6,15

HEFT 235
Prof. Dr.-Ing. K. Leist und Dipl.-Ing. W. Dettmering, Aachen
Turbinenschaufeln aus Kunststoff für Kaltluftversuchsanlagen
1956, 46 Seiten, 43 Abb., 3 Tabellen, DM 12,30

HEFT 236
Dr.-Ing. O. Viertel und S. Lucas, Krefeld
Ergebnisse einer Hausfrauenbefragung über Wascheinrichtungen und Waschmethoden in städtischen Haushaltungen
1956, 34 Seiten, 4 Abb., DM 7,60

HEFT 237
Dr. P. Endler und Dr. H. Ludes, Köln
Bericht über eine Studienreise zur Orientierung der heutigen Behandlung der Lungentuberkulose in den Vereinigten Staaten von Nordamerika
1956, 32 Seiten, DM 7,10

HEFT 238
Institut für textile Meßtechnik, M-Gladbach, e. V.
Untersuchungen der Verzugsvorgänge an den Streckwerken verschiedener Spinnereimaschinen. 3. Bericht: Theoretische Betrachtungen über den Einfluß schlagender Zylinder und Druckrollen
1956, 66 Seiten, 21 Abb., DM 14,10

HEFT 239
Prof. Dr.-Ing. K. Leist und Dipl.-Ing. H. Scheele, Aachen, und Dipl.-Ing. F. H. Flottmann, Herne
Versuche an einem neuartigen luftgekühlten Hochleistungs-Kolbenkompressor
1956, 72 Seiten, 19 Abb., 7 Tabellen, DM 14,40

HEFT 240
Prof. Dr.-Ing. K. Leist und Dipl.-Ing. H. Scheele, Aachen
Temperaturmessungen an einem einstufigen luftgekühlten 4-Zylinder-Kolbenkompressor mit Kühlgebläse *1956, 74 Seiten, 36 Abb., DM 14,80*

HEFT 241
Prof. Dr.-Ing. K. Leist und Dipl.-Ing. M. Pötke, Aachen
Leistungsversuche an einem Kühlluftgebläse
1956, 60 Seiten, 13 Abb., DM 11,70

HEFT 242
Prof. Dr.-Ing. K. Leist und Dipl.-Ing. K. Graf, Aachen
Straßenfahrzeuge mit Gasturbinenantrieb
1956, 82 Seiten, 63 Abb., DM 17,20

HEFT 243
Prof. Dr.-Ing. K. Leist und Dipl.-Ing. S. Förster, Aachen
Die französische Kleingasturbine Artouste — 1. Teil
1956, 80 Seiten, 41 Abb., DM 15,85

HEFT 244
Prof. Dr. F. Wever, Dr. W. Koch und Dr. S. Eckhard, Düsseldorf
Erfahrungen mit der spektrochemischen Analyse von Gefügebestandteilen des Stahles
1956, 32 Seiten, 8 Abb., 2 Tabellen, DM 7,80

HEFT 245
Prof. Dr.-Ing. habil. K. Krekeler, Aachen
Das Verbinden von Metallen durch Kunstharzkleber. Teil I: Eigenschaften und Verwendung der Metallklebstoffe *1956, 48 Seiten, 8 Abb., DM 10,25*

HEFT 246
Prof. Dr.-Ing. habil. K. Krekeler, Aachen
Das Verbinden von Metallen durch Kunstharzkleber. Teil II: Untersuchungen an geklebten Leichtmetall-Verbindungen *1956, 80 Seiten, 40 Abb., DM 17,50*

HEFT 247
Dr. H. Söhngen, Darmstadt
Strömung vor einem Überschall-Laufrad
1956, 26 Seiten, 4 Abb., DM 7,60

HEFT 248
Rheinische Aktiengesellschaft für Braunkohlenbergbau und Brikettfabrikation, Köln
Untersuchung der Bindemitteleigenschaften von Braunkohlenfilteraschen
1956, 176 Seiten, 26 Abb., 30 Tabellen, DM 35,60

HEFT 249
Dr. M.-E. Meffert, Essen
Weitere Kulturversuche Scenedesmus obliquus
1956, 36 Seiten, 5 Abb., 10 Tabellen, DM 8,—

HEFT 250
Dr. F. Schwarz und Dr.-Ing. K. Alberti, Köln
Entwicklung von Untersuchungsverfahren zur Gütebeurteilung von Industriekalken
1956, 36 Seiten, 9 Abb., DM 16,50

HEFT 251
Prof. Dr. H. Bittel, Münster
Zur Statistik der ferromagnetischen Elementarvorgänge und ihren Einfluß auf das Barkhausenrauschen
1956, 52 Seiten, 14 Abb., DM 11,65

HEFT 252
Dipl.-Ing. H. Frings, Geilenkirchen
Die Wirkung abfallender Wetterführung auf Wettertemperatur, Grubengasgehalt und Staubbildung
in Vorbereitung

HEFT 253
Dipl.-Ing. S. Schirmanski, Berghausen
Stand und Auswertung der Forschungsarbeiten über Temperatur- und Feuchtigkeitsgrenzen bei der bergmännischen Arbeit
in Vorbereitung

HEFT 254
Prof. Dr. R. Danneel, Bonn
Quantitative Untersuchungen über die Entwicklung des Ehrlich-Ascitestumors bei Inzuchtmäusen
1956, 52 Seiten, 17 Tabellen, DM 11,75

HEFT 255
Ing. B. v. Schlippe, Bad Nauheim
Strömung von Flüssigkeiten mit temperaturabhängiger Zähigkeit (Kühlung von Öfen)
1956, 54 Seiten, 12 Abb., 4 Tabellen, DM 11,70

HEFT 256
Prof. Dr. C. Schmieden und Dipl.-Math. K. H. Müller, Darmstadt
Die Strömung einer Quellstrecke im Halbraum — eine strenge Lösung der Navier-Stokes-Gleichungen
1956, 40 Seiten, 9 Abb., DM 8,80

HEFT 257
Prof. Dr. G. Lehmann und Dr. J. Tamm, Dortmund
Die Beeinflussung vegetativer Funktionen des Menschen durch Geräusche
1956, 48 Seiten, 25 Abb., 3 Tabellen, DM 11,20

HEFT 258
Dr. H. Paul, Linz (Rhein), und Prof. Dr. O. Graf, Dortmund
Zur Frage der Unfälle im Bergbau
1956, 52 Seiten, 9 Abb., 22 Tabellen, DM 11,20

HEFT 259
Prof. D. W. Linke, Aachen
Strömungsvorgänge in künstlich belüfteten Räumen
1956, 52 Seiten, 37 Abb., 1 Tabelle, DM 11,80

HEFT 260
Prof. Dr. W. Kast, Freiburg (Br.), Prof. Dr. A. H. Stuart und Dipl.-Phys. H. G. Fendler, Hannover
Lichtzerstreuungsmessungen an Lösungen hochpolymerer Stoffe
1956, 70 Seiten, 25 Abb., 5 Tabellen, DM 15,60

HEFT 261
Prof. Dr. W. Kast, Freiburg (Br.)
Feinstruktur-Untersuchungen an künstlichen Zellulosefasern verschiedener Herstellungsverfahren.
Teil II: Der Kristallisationszustand
1956, 80 Seiten, 27 Abb., 11 Tabellen, DM 17,20

HEFT 262
Dr.-Ing. W. Batel, Aachen
Untersuchungen zur Absiebung feuchter, feinkörniger Haufwerke und Schwingsieben
1956, 100 Seiten, 45 Abb., 5 Tabellen, DM 23,40

HEFT 263
Prof. Dr. H. Lange und Dipl.-Phys. R. Kohlhaas, Köln
Über die Wärmeleitfähigkeit von Stählen bei hohen Temperaturen: Teil I: Literaturbericht
1956, 48 Seiten, 26 Abb., 8 Tabellen, DM 10,70

HEFT 264
Prof. Or. W. Weizel, Bonn
Durch schnelle Funkenzusammenbrüche ausgelöste Signale auf einer Leitung
1956, 26 Seiten, 4 Abb., 3 Tabellen, DM 6,10

HEFT 265
Prof. Dr. F. Micheel und Dr. R. Engel, Münster
Eine Apparatur zur elektrophoretischen Trennung von Stoffgemischen
1956, 38 Seiten, 21 Abb., DM 9,20

HEFT 266
Fliesen-Beratungsstelle Bad Godesberg-Mehlem
Güteeigenschaften keramischer Wand- und Bodenfliesen und deren Prüfmethoden
1956, 32 Seiten, DM 7,10

HEFT 267
Prof. Dr. W. Weizel und B. Brandt, Bonn
Zur Stabilität stromstarker Glimmentladungen
1956, 36 Seiten, 7 Abb., DM 8,40

HEFT 268
Prof. Dr.-Ing. G. Vogelpohl, Göttingen
Über die Tragfähigkeit von Gleitlagern und ihre Berechnung
1956, 76 Seiten, 24 Abb., 7 Tabellen, DM 16,85

HEFT 269
Markscheider R. Bals, Bochum
Eignung des Gebirgsankerausbaus zur Erleichterung des Streckenvortriebs im Steinkohlenbergbau
1956, 84 Seiten, 41 Abb., DM 18,75

HEFT 270
Dr. H. Krebs und Mitarbeiter, Bonn
Die Trennung von Racematen auf chromatographischem Wege
1956, 62 Seiten, 18 Tabellen, DM 12,95

HEFT 271
Prof. Dr.-Ing. H. Opitz und Dipl.-Ing. H. Axer, Aachen
Beeinflussung des Verschleißverhaltens bei spanenden Werkzeugen durch flüssige und gasförmige Kühlmittel und elektrische Maßnahmen
1956, 46 Seiten, 28 Abb., DM 10,70

HEFT 272
Prof. Dr. W. Fuchs und Dr. H. Dresia, Aachen
Untersuchungen über die Schnellverbrennung und Schnellvergasung fester Brennstoffe
1956, 56 Seiten, 14 Abb., 3 Tabellen, DM 11,90

HEFT 273
Fa. K. W. Tacke G.m.b.H., Wuppertal-Barmen
Erfahrungen beim Verspinnen von Perlonfasern und bei der Herstellung von Trikotagen aus gesponnenem Perlon
1956, 36 Seiten, DM 7,90

HEFT 274
Prof. Dr.-Ing. K. Krekeler, Aachen
Qualitative Untersuchungen bei Verbindungsschweißungen mittels Lichtbogenschweißautomaten unter Verwendung von Blankdraht und Zugabe von ferromagnetischem Pulver als Umhüllung
1956, 68 Seiten, 40 Abb., 8 Tabellen, DM 15,45

HEFT 275
Prof. Dr.-Ing. habil. K. Krekeler, Aachen, und Dipl.-Ing. H. Verhoeven, Aachen
Quantitative Untersuchungen von Punktschweißverbindungen an Tiefzieh- und Aluminiumblechen, die nach dem Argonarc-Punktschweißverfahren hergestellt werden
1956, 64 Seiten, 45 Abb., DM 14,60

HEFT 276
Fa. E. Haage, Mülheim (Ruhr)
Entwicklungsarbeiten im Apparatebau für Laboratorien
1956, 48 Seiten, 18 Abb., DM 10,50

HEFT 277
Dr.-Ing. W. Müchler, Essen
Untersuchung und zahlenmäßige Bestimmung der Schneideigenschaften von Messern und besonderer Berücksichtigung rostfreier Messerstähle
1956, 60 Seiten, 27 Abb., 5 Tabellen, DM 13,20

HEFT 278
Dipl.-Ing. J. Stelter und Dipl.-Ing. H. Kickert, Aachen
I. Sichtbarmachung von Ultraschallfeldern unter Verwendung photographischer Emulsionsschichten
II. Methode zur Bestimmung der wirklichen Temperaturverhältnisse in Flüssigkeiten während der Beschallung (Nach einer Diplom-Arbeit von H. Schnitzler)
1956, 54 Seiten, 24 Abb., DM 12,75

HEFT 279
Dr. F. Keune, Aachen
Der gewölbte und verwundene Tragflügel ohne Dicke in Schallnähe
1956, 42 Seiten, 15 Abb., DM 9,25

HEFT 280
Dipl.-Ing. J. Stelter und Dipl.-Ing. E. Pfende, Aachen
Über Störerscheinungen bei Schallgeschwindigkeitsmessungen mittels der Interferometermethode
1956, 42 Seiten, 13 Abb., DM 9,60

HEFT 281
Prof. Dr.-Ing. K. Lürenbaum, Aachen
Der Meßwagen des Instituts für Maschinen-Dynamik der Deutschen Versuchsanstalt für Luftfahrt, Aachen
1956, 34 Seiten, 17 Abb., DM 8,60

HEFT 282
Bergrat a. D. Scherer, Bochum
Das B. T.-Schwelverfahren und seine Anwendung auf der Anlage Marienau
1956, 44 Seiten, 7 Abb., DM 9,60

HEFT 283
Prof. Dr. F. Wever und Dr.-Ing. W. Lueg, Düsseldorf
Warmstauchversuche zur Ermittlung der Formänderungsfestigkeit von Gesenkschmiede-Stählen
1956, 44 Seiten, 19 Abb., DM 9,90

Heft 284
Prof. Dr. F. Wever, Düsseldorf, Dr.-Ing. H. J. Wiester, Essen, Dr.-Ing. F. W. Straßburg, Duisburg, Prof. Dr.-Ing. H. Opitz, Aachen, und Dr.-Ing. K. H. Fröhlich, Köln
Einfluß des Gefüges auf die Zerspanbarkeit von Einsatz- und Vergütungsstählen
in Vorbereitung

HEFT 285
Prof. Dr.-Ing. O. Kienzle, Dr.-Ing. K. Lange, Hannover, und Dipl.-Ing. H. Meinert, Osterode
Einfluß der Oberfläche auf das Verschleißverhalten von Schmiedegesenken
1956, 62 Seiten, 29 Abb., 8 Tabellen, DM 14,60

HEFT 286
Dr.-Ing. K. Lange, Hannover, Dipl.-Ing. H. Meinert, Osterode, unter Mitarbeit von Dr.-Ing. H. Arend, Mülheim (Ruhr)
Verschleißverhalten hartverchromter Schmiedegesenke
1956, 74 Seiten, 53 Abb., 6 Tabellen, DM 17,65

HEFT 287
Prof. Dr.-Ing. habil. K. Krekeler, Aachen
Änderungen der mechanischen Eigenschaftswerte thermoplastischer Kunststoffe bei Beanspruchung in verschiedenen Medien
1956, 62 Seiten, 23 Abb., 5 Tabellen, DM 13,70

HEFT 288
Dr. K. Brücker-Steinkuhl, Düsseldorf
Anwendung mathematisch-statischer Verfahren in der Industrie
1956, 103 Seiten, 27 Abb., 14 Tabellen, DM 24,20

HEFT 289
Prof. Dr.-Ing. H. Winterhager, Aachen
Kombinierter Widerstands- und Lichtbogen-Vakuumofen zur Verarbeitung von Titanschwamm
Prof. Dr. Dr. h. c. R. Schwarz, Aachen
Erforschung neuer Wege zur Darstellung von Titanmetall
in Vorbereitung

HEFT 290
Dr. D. Horstmann, Düsseldorf
I. Der verstärkte Angriff des Zinks auf Eisen im Temperaturgebiet um 500° C
II. Einfluß eines Antimongehaltes auf den Angriff von Zinkschmelzen auf Eisen
1956, 48 Seiten, 33 Abb., 3 Tabellen, DM 11,90

HEFT 291
Dr.-Ing. H. J. Wiester und Dr. D. Horstmann, Düsseldorf
Der Angriff eisengesättigter Zinkschmelzen auf silizium- und manganhaltiges Eisen
1956, 52 Seiten, 45 Abb., 8 Tabellen, DM 12,60

HEFT 292
Dipl.-Ing. W. Rohs und Text.-Ing. H. Griese, Bielefeld
Webversuche an Leinenwebstühlen mit verbesserter Schaftbewegung
1956, 34 Seiten, 3 Abb., 2 Tabellen, DM 7,60

HEFT 293
Prof. J. W. Korte, unter Mitarbeit von Dipl.-Ing. P. A. Mäcke und Dipl.-Ing. W. Leutzbach, Aachen
Die Leistungsfähigkeit von Verkehrsanlagen des motorisierten städtischen Straßenverkehrs
1956, 98 Seiten, 35 Abb., 5 Tabellen, 1 Falttafel, DM 22,50

HEFT 294
Dipl.-Ing. B. Naendorf, Essen
Untersuchungen industrieller Gasbrenner
1956, 58 Seiten, 6 Abb., 3 Tabellen, DM 12,40

HEFT 295
Prof. Dr.-Ing. H. Opitz und Dipl.-Ing. H. Axer, Aachen
Untersuchung und Weiterentwicklung neuartiger elektrischer Bearbeitungsverfahren
1956, 42 Seiten, 27 Abb., DM 10,30

HEFT 296
Prof. Dr.-Ing. H. Opitz, Aachen
I. Untersuchungen an elektronischen Regelantrieben
II. Statische Untersuchungen zur Ausnutzung von Drehbänken
1956, 46 Seiten, 18 Abb., DM 10,40

HEFT 297
Dr. K. Schaarwächter, Düsseldorf
Die Reduktion von Siliziumtetrachlorid im Lichtbogen zur nachfolgenden Silizierung von Eisenblechen
in Vorbereitung

HEFT 298
Prof. Dr.-Ing. E. Oehler, Aachen
Untersuchung von kritischen Drehzahlen, die durch Kreiselmomente verursacht werden
1956, 50 Seiten, 35 Abb., DM 13,15

HEFT 299
Dr. J. Fassbender und W. Hoppe, Bonn
Eine photoelektrische Nachlaufeinrichtung für Analogie-Rechenmaschinen
1956, 20 Seiten, 8 Abb., DM 7,65

HEFT 300
Prof. Dr. E. Schütz und Privatdozent Dr. H. Caspers, Münster
Tierexperimentelle Untersuchungen über die Alkoholwirkungen auf Erregbarkeit und bioelektrische Spontanaktivität der Hirnrinde
1956, 44 Seiten, 6 Abb., 1 Tabelle, DM 9,55

HEFT 301
Prof. Dr. W. Weltzien, Dr. G. Cossmann und P. Diehl, Krefeld
Über die fraktionierte Füllung von Polyamiden (II)
1956, 54 Seiten, 1 Abb., 16 Tabellen, DM 11,30

HEFT 302
Prof. Dr.-Ing. W. Wegener und Dipl.-Ing. Willi Zahn, Aachen
Untersuchungen von gesponnenen Garnen auf ihre Gleichmäßigkeit nach verschiedenen Meßmethoden
in Vorbereitung

HEFT 303
Prof. Dr. Ing. S. Kiesskalt, Aachen
Das Institut der Forschungsgesellschaft Verfahrenstechnik e. V. an der Technischen Hochschule Aachen
1956, 76 Seiten, 20 Abb., 3 Tabellen, DM 16,40

HEFT 304
Prof. Dr.-Ing. K. Krekeler, Düsseldorf, und Dipl.-Ing. A. Kleine-Albers, Aachen
Beitrag zur thermoelastischen Warmformbarkeit von Hart PVC
in Vorbereitung

HEFT 305
Prof. Dr.-Ing. K. Krekeler, Düsseldorf, Dr.-Ing. H. Peukert, Aachen, und Dipl.-Ing. W. Schmitz, Siegburg
Heißgas-Schweißung von Hart-Polyvinylchlorid mit Zusatzwerkstoff
1956, 44 Seiten, 27 Abb., 5 Tabellen, DM 12,50

HEFT 306
Prof. Dr. B. Rensch, Münster
Elektrophysiologische Untersuchungen zur Analysierung der Bildung von Assoziationen und Gedächtnisspuren in Gehirn und Rückenmark
Prof. Dr. A. Loeser, Münster
Akute und chronische Giftwirkungen sauerstoffhaltiger Lösungsmittel
1956, 36 Seiten, 9 Abb., DM 8,90

HEFT 307
Privatdozent Dr. J. Juilfs, Krefeld
Vergleichende Untersuchungen zur elastischen und bleibenden Dehnung von Fasern
1956, 36 Seiten, 11 Abb., DM 8,30

HEFT 308
Privatdozent Dr. J. Juilfs, Krefeld
Zur Messung der Fadenglätte
1956, 22 Seiten, 10 Abb., 2 Tabellen, DM 8,—

HEFT 309
Prof. Dr. K. Cruse und Mitarbeiter, Clausthal-Zellerfeld
Aufbau und Arbeitsweise eines universell verwendbaren Hochfrequenz-Titrationsgerätes
1957, 48 Seiten, 29 Abb., DM 11,90

HEFT 310
Dr. P. F. Müller, Bonn
Die Integrieranlage des Rheinisch-Westfälischen Instituts für Instrumentelle Mathematik in Bonn
1956, 62 Seiten, 6 Abb., 30 Satzskizzen, DM 14,45

HEFT 311
Prof. Dr. F. Wever und Dr. M. Hempel, Düsseldorf
Dauerschwingfestigkeit von Stählen bei erhöhten Temperaturen
Teil I: Erkenntnisse aus bisherigen Dauerschwingversuchen in der Wärme
1956, 48 Seiten, 19 Abb., 2 Tabellen, DM 10,90

HEFT 312
Prof. Dr. F. Wever und Dr. M. Hempel, Düsseldorf
Dauerschwingfestigkeit von Stählen bei erhöhten Temperaturen
Teil II: Zug-Druck-Dauerschwingversuche an zwei warmfesten Stählen bei Temperaturen von 500 bis 650°
1956, 48 Seiten, 20 Abb., 3 Tabellen, DM 11,80

WESTDEUTSCHER VERLAG · KÖLN UND OPLADEN

HEFT 313
Prof. Dr. F. Wever, Dr. W. Koch und Dipl.-Phys. H. Rohde, Düsseldorf
Änderungen des Babitus und der Gitterkonstanten des Zementits in Chromstählen bei verschiedenen Wärmebehandlungen
1956, 88 Seiten, 29 Abb., 8 Tabellen, DM 20,90

HEFT 314
Prof. Dr. F. Wever und Dr.-Ing. A. Krisch, Düsseldorf, und Dr.-Ing. H.-J. Wiester, Essen
Veränderungen im Gefugeaufbau von Chrom-Nickel-Molybdän-Stählen bei langzeitiger Beanspruchung im Zeitstandversuch bei 500°
1956, 48 Seiten, 26 Abb., 5 Tabellen, DM 11,70

HEFT 315
Prof. Dr. F. Wever und Dr.-Ing. A. Krisch, Düsseldorf
Metallkundliche Untersuchungen an Zeitstandproben
1956, 38 Seiten, 12 Abb., DM 9,15

HEFT 316
Dr. F. Keune, Aachen
Zusammenfassende Darstellung und Erweiterung des Aequivalenzsatzes für schallnahe Stromung
1956, 80 Seiten, 22 Abb., DM 17,90

HEFT 317
Dr.-Ing. J. Stelter, Aachen
Mikrobiologische Ultraschallwirkungen
in Vorbereitung

HEFT 318
Dipl.-Ing. H. Kickert, Aachen
Über die Ausbreitung von Ultraschall in Luft
in Vorbereitung

HEFT 319
Prof. Dr. C. Kröger, Aachen
Gemengereaktionen und Glasschmelze
in Vorbereitung

HEFT 320
Dr. H.-E. Caspary, Köln
Verwendung von Szintillationszählern anstelle von Zählrohren zur zerstörungsfreien Materialprüfung
1956, 42 Seiten, 13 Abb., 2 Tabellen, DM 10,10

HEFT 321
Prof. Dr. F. Wever, Düsseldorf, und Dr. W. Wepner, Köln
Gleichzeitige Bestimmung kleiner Kohlenstoff- und Stickstoffgehalte im a-Eisen durch Dämpfungsmessung
1956, 30 Seiten, 3 Abb., 4 Tabellen, DM 6,80

HEFT 322
Prof. Dr.-Ing. F. Bollenrath und Dipl.-Ing. W. Domke, Aachen
Eigenspannungen in vergüteten, dickwandigen Stahlzylindern nach Oberflächenhärtung mit induktiver Erwärmung
1956, 30 Seiten, 9 Abb., 2 Tabellen, DM 6,90

HEFT 323
Prof. Dr. R. Seyffert, Köln
Wege und Kosten der Distribution der Textilien, Schuh- und Lederwaren
1956, 98 Seiten, 37 Tabellen, 1 Falttaf., DM 12,—

HEFT 324
Prof. Dr.-Ing. H. Opitz, Dr.-Ing. E. Saljé und Dipl.-Ing. K. E. Schwartz, Aachen
Richtwerte für das Außenrund-Längs- und Einstechschleifen
1956, 62 Seiten, 44 Abb., 2 Tabellen, DM 13,85

HEFT 325
Prof. Dr. E. Schratz, Münster
Pharmakognostische Untersuchungen am Medizinal-Rhabarber
in Vorbereitung

HEFT 326
Prof. Dr.-Ing. E. Essers und Mitarbeiter, Aachen
Deichselkräfte an Lastzügen
in Vorbereitung

HEFT 327
Prof. Dr.-Ing. habil. K. Krekeler und Dr.-Ing. H. Peukert, Aachen
Beitrag zur thermoelastischen Formbarkeit von Polyäthylen
1956, 56 Seiten, 49 Abb, 9 Tabellen, DM 12,80

HEFT 328
Dr. H. Maeder, Belo Horizonte
Schweißen von Temperguß
in Vorbereitung

HEFT 329
Dipl.-Ing. A. Krüger, Karlsruhe, und Feuerwehr-Ing. R. Radusch, Dortmund
Wasserzerstäubung im Strahlrohr
1956, 86 Seiten, 21 Abb., 3 Tabellen, DM 18,65

HEFT 330
Dipl.-Physiker E. Pepping, Aachen
Die Durchflußzahl des Rechteckschlitzes in einer sehr großen Wand
in Vorbereitung

HEFT 331
Dipl.-Ing. G. Bretschneider, Ruit
Die Messung der wiederkehrenden Spannung mit Hilfe des Netzmodelles
in Vorbereitung

HEFT 332
Prof. Dr.-Ing. R. Jaeckel und Dr. G. Reich, Bonn
Messung von Dampfdrucken im Gebiet unter 10^{-2} Torr
1956, 42 Seiten, 16 Abb., 2 Tabellen, DM 10,40

HEFT 333
Prof. Dipl.-Ing. W. Sturtzel und Dr.-Ing. W. Graff, Duisburg
I. Der Flachwassereinfluß auf den Form- und Reibungswiderstand von Binnenschiffen
II. Der Flachwassereinfluß auf die Nachstrom- und Sogverhältnisse bei Binnenschiffen
1956, 44 Seiten, 14 Abb., DM 9,80

HEFT 334
Prof. Dr. W. Weizel und Dr. G. Meister, Bonn
Spektralanalyse durch Messung des Interferenz-Kontrastes
1956, 42 Seiten, DM 9,80

HEFT 335
Prof. Dr. W. Weizel und H. Hornberg, Bonn
Untersuchungen der anodischen Teile einer Glimmentladung
in Vorbereitung

HEFT 336
Dr. Tung-ping Yao, Aachen
Die Viskosität metallischer Schmelzen
in Vorbereitung

HEFT 337
Dr. R. Hoeppener und Dr. W. Bierther, Bonn
Tektonik und Lagestätten im Rheinischen Schiefergebirge
in Vorbereitung

HEFT 338
Prof. Dr.-Ing. W. Wegener, Aachen, und Dipl.-Ing. J. Schneider, M.-Gladbach
Die Bedeutung der Knotenart für die Herabminderung der Fadenbrüche
1957, 40 Seiten, 6 Abb., DM 9,80

HEFT 339
Prof. Dr.-Ing. W. Wegener und Dipl.-Ing. W. Zahn, Aachen
Vergleich des normalen mit verschiedenen abgekürzten Baumwollspinnverfahren in bezug auf Gleichmäßigkeit und Sortierungsstreuung der Garne
1956, 56 Seiten, 17 Abb., 17 Tabellen, DM 12,70

HEFT 340
Dipl.-Ing. W. Rohs und Dipl.-Ing. R. Otto, Bielefeld
Das Naßspinnen von Bastfasergarnen mit Spinnbadzusätzen unter Ausnutzung einer zentralen Spinnwasserversorgungsanlage
1956, 56 Seiten, 2 Abb., 6 Tabellen, DM 11,60

HEFT 341
Prof. Dr.-Ing. H. Winterhager und Dipl.-Ing. L. Werner, Aachen
Präzisions-Meßverfahren zur Bestimmung des elektrischen Leitvermögens geschmolzener Salze
1956, 44 Seiten, 19 Abb., 1 Tabelle, DM 10,60

HEFT 342
Prof. Dr.-Ing. H. Winterhager und Dipl.-Ing. W. Barthel, Aachen
Die Gewinnung von Titanschlackenkonzentraten aus eisenreichen Ilemniten
in Vorbereitung

HEFT 343
Prof. Dr.-Ing. W. Petersen, Aachen, und Dipl.-Ing. S. Wawroschek, Aachen
Die zweckmäßigsten Gütebestimmungsverfahren und Brikettierungsbedingungen bei der Erzeugung von Braunkohlen-Eisenerz-Briketts
1956, 64 Seiten, 28 Abb., DM 13,95

HEFT 344
Prof. Dr.-Ing. W. Fucks, Aachen
Zur Deutung einfachster mathematischer Sprachcharakteristiken
1956, 38 Seiten, 12 Abb., DM 7,80

HEFT 345
Dipl.-Ing. G. Cerbe und Dipl.-Ing. H. Monstadt, Essen
Konvektive Trocknung mit gasbeheizter Luft und Trocknung durch Gasstrahler
in Vorbereitung

HEFT 346
Dipl.-Ing. O. Arnold, Aachen
Erfahrungen mit Kernbohrungen zur Lagerstattenuntersuchung im Erzbergbau
in Vorbereitung

HEFT 347
S. Ruff, F. Kipp, H. Hansteen und G. Müller, Bonn
Untersuchungen zur Frage der Gehorschädigungen des fliegenden Personals der Propellerflugzeuge
in Vorbereitung

HEFT 348
Prof. Dr.-Ing. E. Piwowarsky und Dr.-Ing. E. G. Nickel, Aachen
Metallurgie eines hochwertigen Gußeisens mit kompakter bis kugelförmiger Graphitausbildung
in Vorbereitung

HEFT 349
Dr.-Ing. W. A. Fischer, Dr.-Ing. H. Treppschuh und Dr.-Ing. K. H. Köthemann, Düsseldorf
Tiegel aus Schmelzmagnesia für Vakuuminduktionsofen
in Vorbereitung

HEFT 350
Prof. Dr.-Ing. habil. K. Krekeler und Dr.-Ing. H. Peukert, Aachen
Das Spannungsverhalten der Kunststoffe bei der Verarbeitung
in Vorbereitung

HEFT 351
Prof. Dr.-Ing. H. Opitz, Dipl.-Ing. H. Axer und Dipl.-Ing. H. Rhode, Aachen
Zerspanbarkeit hochwarmfester und nichtrostender Stähle. Teil I
in Vorbereitung

HEFT 352
Dipl.-Ing. H. Fauser, Aachen
Fahrdynamik und Batterie-Arbeitsverbrauch von Akkumulatorenlokomotiven im Untertagebetrieb
in Vorbereitung

HEFT 353
Forschungsinstitut für Rationalisierung, Aachen
Schlagwortregister zur Rationalisierung
in Vorbereitung

HEFT 354
Dipl.-Ing. D. Wagener, Aachen
Auswirkungen neuer Gaserzeugungs-Verfahren unter Berücksichtigung der Auswirkung auf den Kokereibetrieb
in Vorbereitung

HEFT 355
Prof. Dr.-Ing. habil. K. Krekeler, Dr.-Ing. H. Peukert und Dipl.-Ing. A. Kleine-Albers, Aachen
Heißgas-Schweißungen von Weich-Polyvinylchlorid mit Zusatzwerkstoff
in Vorbereitung

HEFT 356
Dipl.-Phys. G. Gurke, Aachen
Aufbau einer Meßanlage für Untersuchungen elektrischer Gasentladung im Bereiche großer p. d.-Werte
1956, 38 Seiten, 13 Abb., DM 8,65

HEFT 357
Prof. Dr.-Ing. W. Fucks, Aachen
Mathematische Analyse der Formalstruktur von Musik
in Vorbereitung

HEFT 358
Prof. Dr. rer. nat. W. Weltzien, Dipl.-Chem. P. Ringel und Text.-Ing. H. Kirchhoff, Krefeld
Die Waschechtheit von Färbungen. Vergleichende Untersuchungen auf dem Gebiete der Echtheitsprüfung
in Vorbereitung

HEFT 359
Dr.-Ing. F. J. Meister, Düsseldorf
Veränderung der Hörschärfe, Lautheitsempfindung und Sprachaufnahme während des Arbeitsprozesses bei Lärmarbeitern
in Vorbereitung

HEFT 360
Dr.-Ing. E. Barz, Remscheid
Fertigungsverfahren und Spannungsverlauf bei Kreissägeblättern für Holz
in Vorbereitung

HEFT 361
Dipl.-Ing. H. F. Klein, Aachen
Die nichtstationären Strömungsvorgänge und der Wärmeübergang in einem Schwingfeuergerät
in Vorbereitung

HEFT 362
Prof. Dr. med. G. Lehmann und Dipl.-Phys. D. Dieckmann, Dortmund
Die Wirkung mechanischer Schwingungen (0,5 bis 100 Hertz) auf den Menschen
in Vorbereitung

WESTDEUTSCHER VERLAG · KÖLN UND OPLADEN

HEFT 363
Dr.-Ing. U. Domm, Frankenthal (Pfalz)
Über eine Hypothese, die den Mechanismus der Turbulenz-Entstehung betrifft
28 Seiten, 4 Abb., DM 6,45

HEFT 364
Prof. Dr. Th. Beste, Köln
Die Mehrkosten bei der Herstellung ungängiger Erzeugnisse im Vergleich zur Herstellung vereinheitlichter Erzeugnisse
in Vorbereitung

HEFT 365
Sozialforschungsstelle an der Universität Münster, Dortmund
Standort und Wohnort
in Vorbereitung

HEFT 366
Versuchsanstalt für Binnenschiffbau e. V., Duisburg
Bei Flachwasserfahrten durch die Strömungsverteilung am Boden und an den Seiten stattfindende Beeinflussung des Reibungswiderstandes von Schiffen
in Vorbereitung

HEFT 367
Dr. rer. nat. D. Horstmann, Düsseldorf
Der Angriff eisengesättigter Zinkschmelzen auf kohlenstoff-, schwefel- und phosphorhaltiges Eisen
in Vorbereitung

HEFT 368
Prof. Dr. phil. H. Kaiser, Dortmund
Entwicklung betriebsmäßiger spektrochemischer Analysenverfahren für technische Gläser
in Vorbereitung

HEFT 369
Prof. Dr.-Ing. R. Jaeckel und Dipl.-Phys. F. J. Schittko, Bonn
Gasabgabe von Werkstoffen ins Vakuum
in Vorbereitung

HEFT 370
Dr. phil. habil. F. Schwarz, Köln
Physikochemische Grundlagen der Bildsamkeit von Kalken unter Einbeziehung des Begriffes der aktiven Oberfläche
in Vorbereitung

HEFT 371
Dr. phil. W. Lejeune, Köln
Beitrag zur statistischen Verifikation der Minderheiten-Theorie
in Vorbereitung

HEFT 372
Prof. Dr. phil. M. von Stackelberg, Bonn
Untersuchungen zur Ausarbeitung und Verbesserung von polarographischen Analysenmethoden. 2. Bericht
in Vorbereitung

HEFT 373
Dipl.-Ing. H. J. Koch, Essen
Druckgasfeuerung — ein Verfahren zum Betrieb von Gasfeuerstätten
in Vorbereitung

HEFT 374
Dr. E. Paproth, Krefeld
Paläontologische Bearbeitung der in den devonischen Schichten des Siegerlandes enthaltenen Faunen
in Vorbereitung

HEFT 375
Technischer Überwachungsverein e. V., Essen
Wanddickenmessungen mittels radioaktiver Strahlen und Zählrohrgerät
in Vorbereitung

HEFT 376
Technischer Überwachungsverein e. V., Essen
Wasserumlaufprobleme an Hochdruckkesseln
in Vorbereitung

HEFT 377
Technischer Überwachungsverein e. V., Essen
Versuche an Wanderrostkesseln mit befeuchteter Verbrennungsluft
in Vorbereitung

HEFT 378
Oberingenieur H. Stein, M.-Gladbach
Beobachtung und maßtechnische Erfassung der Vorgänge im Spinn- und Aufwindefeld von Ringspinn- und Ringzwirnmaschinen
in Vorbereitung

HEFT 379
Laboratorium für textile Meßtechnik, M.-Gladbach
Schußfadenspannung beim Weben
in Vorbereitung

HEFT 380
Dipl.-Phys. R. Trappenberg, Karlsruhe
Theoretische und experimentelle Untersuchungen zur Staubverteilung einer Rauchfahne
in Vorbereitung

HEFT 381
Dr. J. Juils, Krefeld
Zur Dichtebestimmung von Fasern. Methoden und Beispiele der praktischen Anwendung
in Vorbereitung

HEFT 382
Dr. phil. habil. P. Hölemann, Ing. R. Hasselmann und Ing. G. Dix, Dortmund
Die Messung von Flammen und Detonationsgeschwindigkeiten bei der explosiven Zersetzung von Acetylen in Rohren
in Vorbereitung

HEFT 383
Dr. phil. habil. P. Hölemann und Ing. R. Hasselmann, Dortmund
Verlauf von Azetylenexplosionen in Rohren bei Gegenwart von porösen Massen
in Vorbereitung

HEFT 384
Prof. Dr.-Ing. H. Opitz, Aachen
Schwingungsuntersuchungen an Werkzeugmaschinen
in Vorbereitung

HEFT 385
Prof. Dr.-Ing. H. Opitz, Aachen
Zerspanbarkeit hochwarmfester und nichtrostender Stähle. Teil II
in Vorbereitung

HEFT 386
Prof. Dr.-Ing. H. Opitz, Aachen
Standzeituntersuchungen und Verschleißmessungen mit radioaktiven Isotopen
in Vorbereitung

HEFT 387
Prof. Dr. med. W. Kikuth und Dozent Dr. med. L. Grün, Düsseldorf
Die Verhütung von Infektion durch Desinfektion des Raumes und der Raumluft
in Vorbereitung

HEFT 388
Prof. Dr. rer. nat. habil. W. Baumeister und Dr. rer. nat. H. Burghardt, Münster
Die Bedeutung der Elemente Zink und Fluor für das Pflanzenwachstum
in Vorbereitung

HEFT 389
Prof. Dr.-Ing. habil. H. Fink und K. W. Hoppenhaus, Köln
Die biologische Eiweiß-Synthese von höheren und niederen Pilzen und die alimentäre Lebernekrose der Ratte
in Vorbereitung

HEFT 390
Dr.-Ing. J. Endres und Dr.-Ing. G. Hiebel, München
Berechnung der optimalen Leistungen, Kraftstoffverbräuche und Wirkungsgrade von Luftfahrt-Gasturbinen Triebwerken am Boden und in der Höhe bei Fluggeschwindigkeiten von 0—2000 km/h und bei vorgegebenen Düsenausströmgeschwindigkeiten
in Vorbereitung

HEFT 391
Prof. Dr. phil. F. Wever, Dr. phil. W. Koch und Dipl.-Chem. F. Stricker, Düsseldorf
Die quantitative spektrographische Analyse von Gasgemischen aus Kohlenmonoxyd, Wasserstoff und Stickstoff
in Vorbereitung

HEFT 392
Prof. Dr. phil. F. Wever u. a., Düsseldorf
Untersuchungen über den Konverterrauch im Hinblick auf die spektrale Überwachung des Thomasprozesses
in Vorbereitung

HEFT 393
Dr.-Ing. O. Viertel und S. Brückner-Lucas, Krefeld
Arbeitszeitstudien an Haushaltwaschmaschinen
in Vorbereitung

HEFT 394
Privatdozent Dr. med. W. Koch, Münster
Die Ablagerung radioaktiver Substanzen im Knochen
in Vorbereitung

HEFT 395
Dipl.-Ing. L. Hahn, Clausthal-Zellerfeld
Untersuchungen zur Frage des optimalen Bohrloch- und Patronendurchmessers
in Vorbereitung

HEFT 396
Prof. Dr.-Ing. F. Schultz-Grunow, Dr.-Ing. A. Jogerich, Essen, Dipl.-Ing. H. Meyer, cand. ing. P. Sand, Aachen
Untersuchungen des Luftwiderstandes von Güterwagen
in Vorbereitung

HEFT 397
Techn.-Wissenschaftliches Büro für die Bastfaserindustrie, Bielefeld
Ungleichmäßigkeiten in Bändern von Bastfaserkarden, ihre Ursachen und Auswirkungen
in Vorbereitung

HEFT 398
Prof. Dr. habil. H. E. Schwiete, Aachen, u. a.
Einlagerungsversuche an synthetischem Mullit I. — Die Zusammensetzung der Schmelzphase in Schamottesteinen I
in Vorbereitung

HEFT 399
Prof. Dr. habil. H. E. Schwiete und Dr.-Ing. R. Vinkeloe, Aachen
Möglichkeiten der quantitativen Mineralanalyse mit dem Zählrohrgerät unter besonderer Berücksichtigung der Mineralgehaltsbestimmung von Tonen
in Vorbereitung

HEFT 400
Prof. Dr. phil. W. Fuchs und Dipl.-Chem. H. Weyerstrass, Aachen
Entwicklung eines Heißfilters zur Reinigung von Gichtgas eines mit Kohle betriebenen Niederschachtofens
in Vorbereitung

HEFT 401
Prof. Dr.-Ing. M. Lipp und Dipl.-Chem. G. Frielingsdorf, Aachen
Darstellung reaktionsfähiger Verbindungen des Camphansystems und Versuche zu deren Fluorierung
in Vorbereitung

HEFT 402
Prof. Dr. W. Linke, Aachen
Die Wärmeübertragung durch Thermopane-Fenster
in Vorbereitung

HEFT 403
Prof. Dr.-Ing. P. Denzel und Dipl.-Ing. W. Cremer Aachen
Verbesserung der Benutzungsdauer der Höchstlast in ländlichen Netzen durch Anwendung elektrischer Geräte in der Landwirtschaft
in Vorbereitung

HEFT 404
Prof. Dr. R. Jaeckel und Dipl.-Phys. F. Gross, Bonn
Die Löslichkeit von Gasen in schwerflüchtigen organischen Flüssigkeiten
in Vorbereitung

HEFT 405
Prof. Dr.-Ing. H. Opitz und Dipl.-Ing. H. Schuler, Aachen
Untersuchungen für einen Wirtschaftlichkeitsvergleich der Feinbearbeitungsverfahren
in Vorbereitung

HEFT 406
W. Kirsch, Remscheid
Entwicklungsarbeiten auf dem Gebiete des Korrosionsschutzes
in Vorbereitung

HEFT 407
Prof. Dr.-Ing. H. Schenk, Aachen und Dr.-Ing. W. Wenzel, Bad Godesberg
Entwicklungsarbeiten auf dem Gebiete der Verhüttung von Erzstaub in Schmelzkammern
in Vorbereitung

HEFT 408
Prof. Dr. phil. F. Wever, Dr.-Ing. W. Lueg und Dr.-Ing. H. G. Müller, Düsseldorf
Kraft- und Arbeitsbedarf beim Warmscheren von Stahl in Abhängigkeit von Temperatur und Schnittgeschwindigkeit
in Vorbereitung

WESTDEUTSCHER VERLAG · KÖLN UND OPLADEN

HEFT 409

Prof. Dr. phil. F. Wever, Dr. phil. W. Koch, Dr. rer. nat. Ch. Ilschner-Gensch und Dipl.-Phys. H. Rohde, Düsseldorf
Das Auftreten eines kubischen Nitrids in aluminiumlegierten Stählen
in Vorbereitung

HEFT 410

Prof. Dr. phil. F. Wever, Prof. Dr. rer. techn. A. Kochendörfer, Dr. phil. nat. M. Hempel, Düsseldorf und Dipl.-Phys. E. Hillenhagen, Köln
Biegewechselversuche mit Flachproben aus Alpha-Eisen-Einkristallen zur Bestimmung der Wechselfestigkeit und der Gleitspuren
in Vorbereitung

HEFT 411

Prof. Dr. W. Halbsguth und Dr. L. Sommer, Franfurt/M.
Grundlegende Versuche zur Keimungsphysiologie von Pilzsporen
in Vorbereitung

HEFT 412

Prof. Dr.-Ing. H. Opitz, Aachen
Kennwerte und Leistungsbedarf für Werkzeugmaschinengetriebe
in Vorbereitung

HEFT 413

Prof. Dr.-Ing. H. Opitz, Aachen
Richtwerte für das Fräsen von unlegierten und legierten Baustählen mit Hartmetall, Teil II
in Vorbereitung

HEFT 414

Dr. med. H. K. Parchwitz und Dr. med. C. Winkler, Bonn
Speicherung organischer Farbstoffe und künstlich radioaktiver Substanzen in Geschwülsten
in Vorbereitung

HEFT 415

Prof. Dr.-Ing. W. Paul, Dr. rer. nat. O. Osberghaus und Dipl.-Phys. E. Fischer, Bonn
Ein Ionenkäfig
in Vorbereitung

HEFT 416

Oberreg.-Gewerberat Dipl.-Ing. G. Steinicke, Hamburg
Die Wirkung von Lärm auf den Schlaf des Menschen
in Vorbereitung

HEFT 417

Prof. Dr.-Ing. habil. E. Rößger, Berlin
I. Teil: Die Entwicklung des Weltluftverkehrs, Ergänzungsbericht 1954
II. Teil: Die zivile Luftfahrtpolitik der USA
in Vorbereitung

HEFT 418

O. Gdaniec, Mülheim/Ruhr
Über die Randlochkarte als Hilfsmittel in der Dokumentation
in Vorbereitung

HEFT 419

K. Brooks
Die Messungen der Reflexionseigenschaften künstlicher und natürlicher Materialien mit quasi-optischen Methoden bei Mikrowellen
in Vorbereitung

HEFT 420

M. Vogel
Das Spektralgebiet zwischen dem langwelligen Ultrarot und Mikrowellen
in Vorbereitung

HEFT 421

ORR Dipl.-Volkswirt Dr. H. Rogmann, Düsseldorf
Die Erforschung der Verkehrskonjunktur und der langzeitigen Dynamik in der Verkehrswirtschaft (Zusammenfassung der eingegangenen Stellungnahmen und Vorschläge)
in Vorbereitung

WESTDEUTSCHER VERLAG · KÖLN UND OPLADEN

Made in the USA
Las Vegas, NV
13 November 2024

11566636R00033